総合農協のレーゾンデートル

北海道の経験から

坂下 明彦・小林 国之・正木 卓・高橋 祥世［著］

Raison d'être 1

筑波書房

本書は
いささか昔めいた流行り言葉である
レーゾンデートルという言葉を冠した
農林中央金庫からの協同組合に関する
寄附講座（北海道大学）の企画により
出版される。

はしがき

２０１４年の春に、これまでの農政とは隔絶した規制改革会議の中間報告「農業改革に関する意見」が出され、あっというまに改正農協法が成立してしまった。農協法改正が全面に出る形となったが、実は法改正の重要性としては農地法、農業委員会法、農協法の順である。株式会社による農業経営が自由化され、農地の移動規制の砦としての農業委員会が骨抜きにされ、農業の主人公から外された農家の協同組合が解体されるという一歩が記された。今回の農協法の改正はそのように位置づけられるだろう。

国会論議の冒頭、農水省による農協法改正の趣旨説明は次のようなものだった。農業は充分成長産業化が可能だ。６次産業化も見込まれるし、輸出も夢ではない。そのためには農協がしっかりと農業発展を本務とした職能組合に立ち返るべきである。組織的には農協の役員に農業やマーケティングのプロを入れるべきだし、それを補完する全農・経済連も専門の大手企業と業務提携しやすいように株式会社化を進めるべきだ。農協が農業部門に専念するためには信用・共済事業は連合会にまかせて代理店となるべきだ。そして、「地域農協」が独自の知恵を発揮するには集権的な中央会はいらないし、准組合員という「他人」が入っているのだから、その財産を守るためには第三者監査が必要だ。だから中央会制度はいらない。事情を知らない人には素晴らしい提案と映るような法案の骨子である。

この議論の最大の問題は、「地域農協」などと言いながら、地域の視点が全く無いことであり、本文でも述べるがこの「地域」は「中央」(会)に対峙するために使われているのである。簡単にいうと系統組織の否定である。かつて、農協の機能をめぐって地域組合か職能組合かが争われたが、ここでは地域を否定するために職能組合が強調されているのである。地方創生の話は一切ない。別に協同組合でなくとも経済成長に寄与すればいいのであって、最後には農協は農業サービス企業に転化する道を歩むことになる。地域概念がないから、むしろ単体がいいのであって失敗すれば消滅すればいいくらいのスタンスである。総合農協とそれに連なる連合会組織を非協同組合化し、株式会社と「連携」する足がかりを作ろうというのである。むしろ無くなったほうが農村の巨大な市場が外国も含めた企業に開かれるというわけである。これこそが規制緩和である。したがって、最も邪魔なのが総合農協である。本書では、この全否定された総合農協が本当に必要ないのかを、職能組合の本場である北海道の経験から考察することにする。答えはむろん否である。

本の構成は大きく3つの部分からなっている。前段の部分では「農協改革」が行われるに至った背景とその内容を明らかにする。Ⅰでは改革が1985年以降の新自由主義的政策という外圧によって強制されてきたものであること、自主的な系統運動として進められた広域農協合併もその影響を強く受けてきたことを示す。Ⅱでは、今回の改正農協法によって、協同組合としての性格が否定され、農協は農業サービス企業へと追いやられること、それは総合農協の否定として現れていることを明らかにする。

中段の部分では、農協攻撃の最大のポイントである総合農協の経済的機能を、足元の北海道の経験を中心に明らかにし、その存在意義《レーゾンデートル》を示す。Ⅲでは農協の総合事業方式の形成とその意義、さらに進化をみせる北海道の農協事業、そして東アジアの総合農協の存在と改革方向を示す。Ⅳでは北海道の農協の各事業、すなわち営農指導事業、ホクレンを中心とした経済事業、与信機能を中心とする信用事業の到達点を明らかにする。

後段のⅤでは、営農を中心に事業を組み立ててきた北海道においても生活事業を2本目の柱とする事業体制の構築が求められることを示す。准組合員比率の高さとその内実、地域インフラ形成の主体としての歴史、そして女性部・青年部などの農協組織の強化の重要性を述べ、最後に北海道的総合農協の社会的連帯の必要性について述べることにする。

目次

はしがき …… iii

I 農協の組織改革と外圧の歴史 …… 1

1 農協改革と外圧の歴史 …… 1

（1）合併と段階制見直しによる組織自主再編の時代 …… 1

（2）信用事業から始まった農協事業改革 …… 3

（3）農協経営問題を介して経済事業改革へ …… 6

（4）強制される組織改革――総合農協の解体 …… 7

2 だれが今の農協をつくったのか――行政の責任 …… 9

（1）農協合併――自立から金融改革の一環へ …… 9

（2）合併後の農協の姿 …… 11

（3）現実主義から原理主義へ …… 13

Ⅱ　改正農協法を斬る……15
1　農協法改正の枠組み……15
2　利益を還元して農家所得に貢献する農協像……16
（1）農協の目的――「営利を目的としない」の削除……16
（2）農協事業の目的は農業所得の増大か？……18
3　いかにして農業所得の原資を生み出すか……19
（1）農協の共同販売を狙い撃ち……19
（2）買取販売は全能の神か……20
（3）職能組合と言う名の農業サービス企業への転化……21
4　農協は事業者・営利企業になるのか……22
（1）公正取引委員会のガイドラインを条文化する……22
（2）農協は事業者か事業者団体か？……23
Ⅲ　事業の総合性とその発展……25
1　事業の総合性――その経済的根拠を探る……25
（1）総合農協と専門農協……25
（2）総合事業方式の成立――敵の取引形態をまねる……27

（3）農産物担保金融としてのクミカンの制度化……28
2　多様な進化をみせる北海道の農協……29
（1）開発型農協の事業展開——近代化の中の農協……29
（2）生産部会の発達——多様化の中での専門化……32
（3）地域農業支援システムの形成——地域の分業体制……34
3　農協機能の全面発揮を目指す韓国・台湾の農協改革……38
（1）東アジアの総合農協の存在……38
（2）農協組織・事業のバリエーション……39
（3）信用事業中心の事業展開……42
（4）韓国と台湾の農協改革の方向……44
Ⅳ　北海道から総合農協の役割を考える……45
1　営農指導体制の歴史と今後……45
（1）北海道的な営農指導の特徴……45
（2）地区連体制下での営農指導……46
（3）農協ブロック体制の形成と2段階化……47
（4）営農指導体制の現状と改革方向……48

2　ホクレン事業構造改革の特徴と今後……50
（1）北聯からホクレンへ……51
（2）事業の総合化とホクレン事業方式の確立……52
（3）道内完結2段と川下戦略……56
3　ホクレン園芸事業の拡充と企画提案型販売……56
（1）ホクレンによる野菜移出の動向……57
（2）園芸部の業務体制の改革……59
（3）園芸開発課と企画提案型販売……61
4　信用事業の北海道的展開とクミカン……63
（1）規模拡大の進展と投資資金の確保……63
（2）経営形態別の農協資金の流れ……64
（3）営農資金の増加とクミカン……65
（4）ＡＢＬの展開と農協クミカン制度の先進性……67

V　営農・生活事業を両輪とする北海道型総合農協へ……69

1　北海道における准組合員の性格と事業利用……70
（1）准組合員制度と員外利用……70

（2）准組合員の出自と地理的分布……73
（3）准組合員化の契機と事業利用……76
2　地域インフラ形成主体としての農協……81
（1）原点としての北海道の共済事業……81
（2）道立病院を代替する厚生病院……87
（3）過疎地での農協の役割……92
3　生活事業・活動と女性部の再興……93
（1）農協の生活事業・活動の歴史と女性部……93
（2）北海道での女性部活動の停滞と女性の活躍……95
（3）府県の女性部から学ぶ――福岡県にじ農協……96
（4）北海道の女性部活動の方向性と農協での役割……101
4　次世代を担う農協青年部の役割……104
（1）農協青年部の目的と現状……104
（2）組合員教育の起点としての青年部活動……106
（3）農協との関わりの変化……107
（4）青年部組織の革新から農協組織の革新へ……113

5　農協問題のゆくえ……115
（1）「地域農協」は行政用語なのか？……115
（2）信用組合から地域農協へ――農水省の転換……117
（3）社会的多数者としての協同組合……118
参考文献……121
あとがき……127

Ⅰ　農協の組織改革と外圧の歴史

1　農協改革と外圧の歴史

（1）合併と段階制見直しによる組織自主再編の時代

農協批判の走りは1986年の玉置総務庁長官の発言であり、営農指導事業の空洞化がその批判のポイントであった。総務庁による行政監察は農協、農業委員会と続いており、農協批判は当初から戦後自作農体制と連動した議論であったことがわかる（後掲**表2**）。中曽根内閣から始まる新自由主義的農業・農協攻撃は小泉内閣を経て、安倍内閣で極度に強まっている。ここでは、農協改革の歩みをこうした外圧との関連でおさえ、今回の農協再編政策の特徴を明らかにしておこう（田代［2009］）。

農協の組織体制は、戦前の1930年代に3段階制として形成されるが（**表1**）、戦後は1950年代前半から始まった町村合併に対応した合併が進展する（坂下［1999］）。そして西日本を中心に1970年代からは市郡をエリアとする合併が徐々に増加をみせる。そして、金融自由化に対応すべく信

表１　日本の系統農協組織の変遷

	総合農協					専門農協		
行政区域	～1920's	1930's～	1953～	1970's～	1990's～	1920's～	1947～	1990's～
全国		全国連	全国連	全国連	統合連合会			
県		県連合会	県連合会	県連合会	（１県１農協）		専門連	県連合会との統合
郡（市）	郡連合会			広域農協	広域農協	郡農会	専門農協	広域農協との合併
新町村			町村農協	（基幹支所）	（基幹支所）		（広域集荷施設）	（広域集荷施設）
旧町村		町村産組	（支所）	（支所）	（支所）			
ムラ	部落組合		（出張所）	（出張所）	（出張所）	出荷組合	出荷組合	

注：筆者作成。

用組合を念頭に貯金額３００億円規模の広域農協の実現が目指される。さらに、１０００農協構想（１９８８年第18回大会決定）に向けた合併が進行するなかで３段階の系統組織の見直しが行われ、県連中抜き２段を基本とした再編（１９９１年第19回大会決定）が進行してきた。事業連ごとに現在でも進捗度や移行形態が異なるが、共済事業については全共連による全国統合、経済事業については全農県本部化が34都府県、経済連存続が8道県、1県1農協が5県であり、信用事業では信連が農林中金に統合されたのは12県である。

この過程で、系統組織としての事業体制改革は後回しにされ、県連合会と全国連、さらに県連合会と広域農協の綱引きが先行したといってよい。統合構想後も農協の広域合併は進展をみせるが、それが余りにも急速であったため、新たに形成された広域農協は「本所という事業所がひとつ増えた」と酷評されるように、支所体制や事業体制問題は先送りされたのである。それを反映してか、現在でも新たな県域農協構想も浮上している（2015年に島根県農協の設立）。

(2) 信用事業から始まった農協事業改革

系統の事業改革は、バブル崩壊後の住専問題（1995年）を経て、信用事業改革が先行して開始される（**表2**）。住専問題は政府による公的資金の注入に伴う責任の所在をめぐって注目を集めたが、母体行の責任が明確になった半面、農協の事業体制の在り方も厳しく問われることになる。1996年には農政審議会農協部会報告が出され、同年に農協改革2法が成立する。ひとつ目は農協法改正による業務執行体制の強化であり、2つ目は農林中金・信連統合法であった。後者は経営危機下にある信連の存在により空振りが続いた。その後、2002年のペイオフ解禁への対応として2000年には「農協

農協に関する審議会・研究会等	備考（報告書など）
金融自由化に対応した農協合併3000戸以上、貯金残高 300 億円（当時の信用組合平均 270 億円）、中央会・連合会一体体制、県下合併構想の策定 玉置総務庁長官による農協批判	総務庁行政監察局編『農協の現状』1988 （同『農業委員会の現状』1989）
農政審議会農協部会報告 日本版金融ビッグバン指令に対応する農協合併と農林中金･信連統合が政策化される	農協法：業務執行体制の強化 農林中金・信連統合法
農協系統の事業・組織に関する検討会（2000 年 17 回、2001 年 1 回、2002 年 2 回） JA バンク構想 総合規制改革会議第二次答申	『農協改革の方向』2000.11 農協法：連合会の経営管理委員会設置義務化 信用事業再編強化法（JA バンク法）
農協のあり方についての研究会 2002.9～2003.3（7回） 座長：今村奈良臣 経済事業改革、事業別・支所別独立採算制の導入、全農バッシング 農水省「経済事業改革チーム」 2005.4～7 行政刷新会議/規制・制度改革に関する分科会／農業 WG	『農協改革の基本方向―「農協のあり方についての研究会」報告書』2003.3 中央会指導機能の明確化、監査機能の集約 『経済事業のあり方の検討方向について（中間論点整理）』2005.7 独禁法の適用除外に関する議論
規制改革会議・農業 WG（～現在）	『農業改革に関する意見』2014.5 中央会・監査制度の改訂

表２　農協批判の展開に関する年表

年次		農協大会	経済項目	立　法
1985	60	総合審議会	プラザ合意	
1986	61			
1987	62			
1988	63			
1989	1	第18回（1000農協構想）		
1990	2			
1991	3			
1992	4	第19回（系統２段階制移行）		
1993	5			
1994	6			
1995	7		住専問題	
1996	8	第20回（JA改革本部、組織再編前倒し）		金融健全性確保法 農協改革２法
1997	9			
1998	10	第21回		
1999	11			
2000	12			
2001	13	第22回（経営・事業・組織改革）		農協改革２法
2002	14		ペイオフ解禁	
2003	15			
2004	16	第23回（JA改革の断行、経済事業改革の指針）		農協法改正
2005	17			
2006	18			
2007	19	第24回		
2008	20			
2009	21			
2010	22	第25回		
2011	23			
2012	24			
2013	25	第26回		
2014	26			
2015	27	第27回		農協法等改正

注：筆者作成。

系統の事業・経営に関する検討会」の答申が出され、それが第22回農協大会決議案へと反映される。これを受けて、2001年には農協改革2法が成立し、JAバンク構想による信用事業の体制強化がスタートし、上部機関による垂直統合化の方向が進展をみせている。JAバンクとは農林中金主導の農協経営改善策の側面を持っているのである。一部の信連破綻によって延期されていた農林中金と信連との統合も徐々に進展を見せてくることになる。

(3) 農協経営問題を介して経済事業改革へ

この間、農協の事業改革は信用事業改革として進められたが、ペイオフ解禁を前に農協の経営問題が前面に出るようになり、合併後の広域農協の経営建て直しが信用事業改革の最大の問題となった。その中で、信用事業および共済事業の収益が経済事業の損失を補填することで、改革の成果が現れないというジレンマが問題とされた。系統組織再編では経済事業が先行しており、統合全農の体制も固まりつつあったが、県本部の存置という約束で手足を縛られている全農は必ずしも、新たな事業方式を提起するには至っていなかった。そこで、独立採算制(区分経理)を徹底し、経済事業の収益化を図ろうとする改革がスタートする。こうした問題に加え、一連の統合全農の不祥事問題が発生し、全農改革が一気に浮上したのである。

2003年には「農協のあり方についての研究会」が設置され、これをもとに改正された農協法では中央会指導による改革の明確化、監査機能の集約が盛り込まれている。また、2005年に農水省内に設置された「経済事業改革チーム」は、従来の諮問委員会方式をとらずに直接問題指摘を行っており、しかも全農の組織再編の方向を選択肢付きとは言えずばりと指示するという異例づくしの存在であった。ここでは事業改革から組織改革への移行の萌芽がみられることが注目される。

こうして、農協の事業改革は信用事業から開始され、経営問題を媒介として経済事業改革に進むのである。農協批判としては前者から信共分離論が、後者からは独禁法適用除外の議論が出てくる。

（4）強制される組織改革——総合農協の解体

以上の広域農協合併から系統組織再編に至る1970年代から1990年代前半までを第一期の自主的組織再編段階、1995年から2010年代前半までの第二期を農協事業改革段階とすると、今回の規制改革会議の答申、2015年の農協法の改正以降は第三期として位置づけることができよう（**図1**）。

その伏線としては2005年の「経済事業改革チーム」の動きがあったが、この現段階の特徴は農協改革が事業改革から組織改革へという大きな転換がみられる点にある。そのポイントは2つあり、ひとつは総合農協の解体、もうひとつは系統組織の解体である。

規制改革会議の議論では、単位農協は農業部門にその機能を特化させるべきであるとして専門農協化が導き出されている。そのためには、単位農協の信用事業や共済事業などの金融部門は連合会にその業務を委譲し、窓口業務を残して代理店化するという主張がなされている。そして、農林中金、全共連は株式会社化の方向が示されている。また、経済事業についても、全農や経済連は独立した事業体とされ、株式会社化が射程に置かれている。結局、残るのは規模を大幅に縮小された「地域農協」であり、総合農協の解体とそれに連動する連合会の企業化が示されているのである。株式会社になれば、企業統合はきわめて容易であり、その前段としての企業との連携が強調されている。

その手始めとして２０１５年の改革において最も狙われたのは、系統組織に揺さぶりをかけることであった。しかし、総合農協とそれを補完する系統組織はきわめて強固であり、その解体のために中央集権論というレトリックが使われ、「地域農協」に対する全国農協中央会（全中）の強固な指導がその

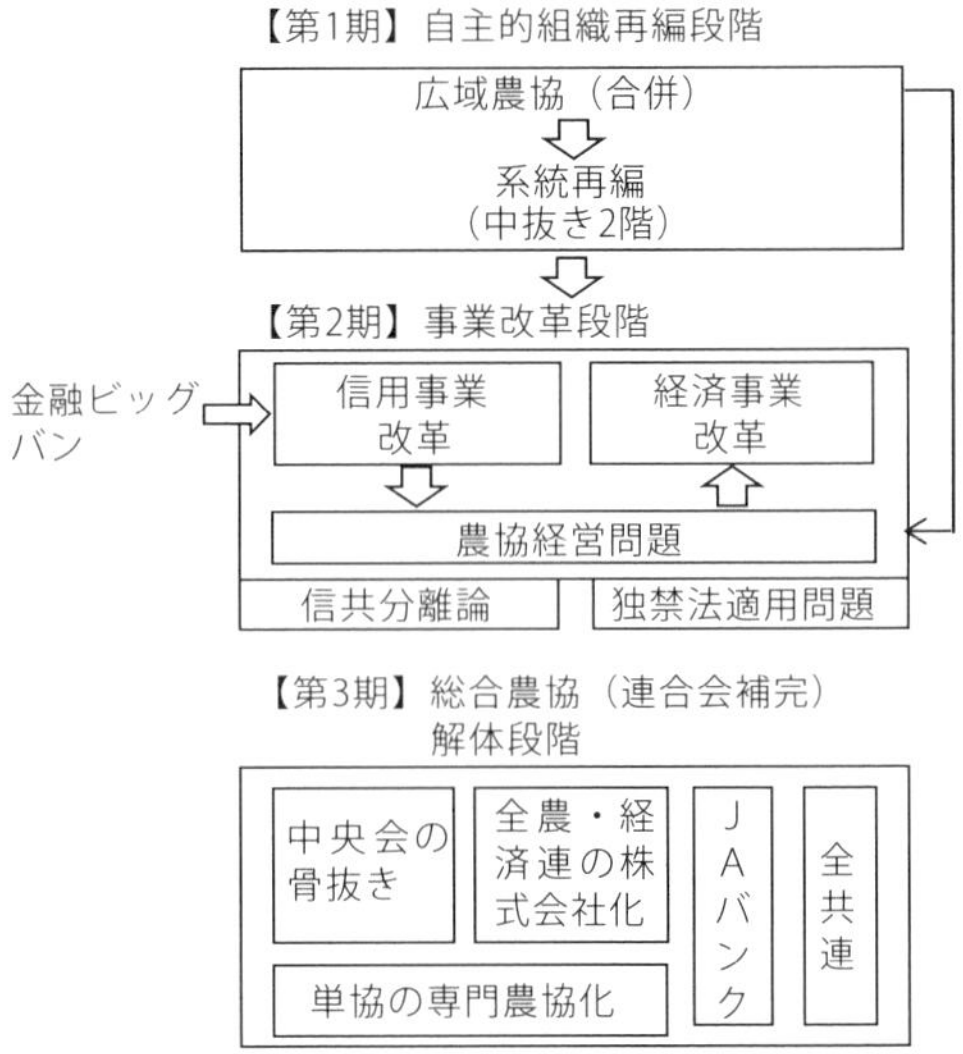

図１　農協再編の段階

注：筆者作成。

自主改革の足を縛っているということが盛んに宣伝された。そして、全中の組織力を削ぐために、一般社団化して賦課金徴収権を剥奪することで財務的に打撃を与え、監査制度を外部化することで事業的に打撃を与えるという戦術がとられた。これは確かに痛いところを突いたものであり、准組合員の事業利用規制との天秤に掛けられて、この法改正案を全中は飲むことになる。とはいえ、これによって全中の機能が破壊されたわけではなく、運用により従前の体制は維持することができるのである。そう考えれば、政府は当面は実よりは名が欲しかったといえるであろう。プロパガンダの好きな政権である。

とはいえ、後に見るように総合農協そのものの変質をもたらす法改正も深部で進んでいるのであり、空中戦にばかり目を向けているわけにはいかない。

2　だれが今の農協をつくったのか――行政の責任

(1) 農協合併――自立から金融改革の一環へ

農協が一体となって進めてきた組織対策は、いうまでもなく農協合併である。これは昭和の町村合併を一つの契機としているが、農協の経営体質改善運動（1959年、第7回大会）の成果としての面を持ち、郡をエリアとした新しい農協づくりの端緒となっている。西日本に多く存在する。例えば、淡路島の玉ねぎの生産拠点である「あわじ島農協」もその母体は1965年という早い時期に三原郡農協という郡単位の合併を経験している。北海道でも北空知、十勝、網走の合併構想がこの時に現れている。このように農協合併は組織内部の改革運動の中から提起されたものであるという点も確認しておきたい。

本格的な広域合併構想は、1985年のプラザ合意以降の金融自由化への対応として同年の総合審議会答申としてまとめられている。正組合員戸数3000戸以上、貯金残高300億円が目標とされ、中央会・連合会の一体的推進、県レベルでの合併構想の策定も義務付けられた（協同組合経営研究所［1997］）。こうして農協合併は系統の最重要課題として位置づけられ、農協数は減少しつづけるのである。

しかし、農協のおかれた環境が大きく変わるのは、バブルの崩壊と1995年の住専問題の発生である。住専処理は基本的に母体行責任とされたものの、農協サイドの対応の悪さから農協批判も厳しく、1996年の農政審農協部会報告、同年の農協法改正、中金・信連統合法制定となる。ここにおいて、農協合併は政策目標となり、これを前提に信連を農林中金に統合して信用事業の健全化を図るというシナリオが作られたのである。農協合併は自主的なものから金融政策の一環へとその性格を大きく変化させたと言える。日本版ビッグバン指令への対応である。

これには続きがある。銀行などの金融機関の不良債権問題が跡を引き続け、ペイオフ解禁が2002年に設定される中で、農協系統の事業・組織に関する検討会が2000年に答申を出し、第22回農協大会決議案をその内容に差し替えするという異常な行政介入のもとで、2001年にJAバンク法が制定される。これにより、農協信用事業は農林中金のもとで一体的な運営を行うことになり、リスク管理が徹底されることになる。このもとで農協合併は更に加速し、現在（2013年）では712にまで減少を見せるのである。

（2）合併後の農協の姿

この過程で府県の農協がどのように変化したのかを**表3**に示した。その画期は、本格的に広域合併を開始した1985年、合併が政策化した1995年、そして現在である。農協数は1985年の3971農協から1995年の2216農協、そして2013年の602農協となり、後半の減少が著

表3　府県の農協の姿の変化（1農協平均）

単位：組合数、人、戸

		府県			北海道		
年次		1985	1995	2013	1985	1995	2013
組合数		3,971	2,216	602	271	241	110
組合員数	正組合員	1,361	2,405	7,463	500	457	627
	戸数	1,225	2,096	6,388	376	343	464
	准組合員	609	1,524	8,807	399	883	2,563
	合計	1,970	3,929	16,270	899	1,340	3,191
職員数	本所	35	48	90	52	58	67
	支所等	26	56	156	7	7	34
	その他	9	22	81	10	11	16
	信用	19	33	91	10	10	18
	営農指導員	4	7	21	5	6	11
	合計	70	126	327	69	76	116
事業高1	貯金平残	90	294	1,464	47	93	284
	共済保有	519	1,042	2,319	216	387	519
	資材購買	7	12	29	15	17	45
	生活購買	4	8	13	7	7	5
	販売	15	23	58	33	38	84
事業高2	貯金平残	100	182	246	100	177	246
	共済保有	100	112	68	100	159	97
	資材購買	100	89	58	100	103	123
	生活購買	100	105	46	100	90	28
	販売	100	86	60	100	101	103

注：1）『総合農協統計書』により作成。
　　2）事業高1は単位が億円、事業高2は総農協の指数。

しい。県平均の農協数は13に過ぎなくなっている。

組合員数も２０００人から４０００人、そして１万６０００人となっている。うち正組合員も７５００人にまで増加したが（戸数で６４００戸）、准組合員がそれを追い越し９０００人弱となっている。職員数は70人から１２６人、３２７人と増加しているが、全農協で見ると１９８５年と95年は30万人であるが、２０１３年には21万人まで減少している。支所は縮小しているが、本所への集中は限られ、基幹支所への配置が多い。事業別配置では信用事業が27％を保っている。

事業については、農協全体の実績をみると１９９５年までは貯金、共済、生活が増加傾向にあったが、現在では貯金のみが増加で当初の２・５倍を示すが、他は50〜70％の水準にある。農協事業の平均像は貯金が１５００億円、長期共済保有が２３００億円で伸長しているが、資材購買が29億円、生活購買が46億円、販売が60億円であり、後者は組合員が極端に少ない北海道の平均事業額を下回る。

２００１年以降のＪＡバンク体制のなかで行われたことは、この広域農協の経営立て直しとそのための経済事業改革であった。全農バッシングも激しかったが、単位農協での独立採算制（区分経理）の徹底が図られ、経済事業のみならず、支所・支店ごとの採算性が洗い直されたのである。

こうした中で、組合員の農協離れが果てしなく続く。それに対する危機感の中で、忘れられていた組織対策として打ち出されたのが、２００９年の25回大会以降重点化された「くらしの活動」である。支所を拠点とし、地域社会に根を張った組織活動を行い、ＴＡＣなどのきめ細かな法人対策も行おうというものである。もし、この転換が間に合わず、農協がリストラに終始していたなら、今回の農協改革論議において農協サイドが地域組合論を積極的に打ち出すことはできなかったであろう。

(3) 現実主義から原理主義へ

このように金融改革の一環としての農協改革において、農協中央会は政策的にはむしろ強化の方向で位置づけられてきた。農協合併が政策目標化された１９９５年の農協法改正では農協の業務執行体制の強化が唱われている。また、２００４年の改正では中央会の指導強化の明確化、監査機能の集約が行われた。さらに、経済事業改革では県中央会に経済連職員が出向する形で改革プランがまとめられているのである。ただし、ＪＡバンクではその地位を農林中金に譲っている。

以上の経過をみれば、農協を金融機関として位置づけ、そのリスク管理の徹底を至上命題として行政による農協改革が進められてきたことが分かる。それが手を返したように経済事業強化を突然言いはじめたのであり、その根拠は農協理念という崇高なものであるらしい。整促体制をいまさらとはいえ、批判までもしている（「経済事業改革チーム」）。

ところが、同様に金融改革の中で普通銀行への同質化を問われている信用金庫はその組織転換を迫られているかといえば、答えは否である。「協同組織金融機関は相互扶助を理念とし、非営利という特性を有するもので、これらは地域金融や中小企業金融の専門機関として活かす必要がある。このことは金融・資本市場の発展が見られる今日においても、さらには地域経済の疲弊や格差の問題が指摘される今日であるからこそその理念は重要である」（ワーキング・グループ［2009］要約）。

同じ行政でも協同組合に対する目線がここまで異なるとは驚きである。農水省も実態を無視した職能組合論による農協改革が農協事業を急速に縮小させ、まさにイコールフッティングの状況を生み出すことは百も承知であろう。この先には農水省そのものの解体があるのである。市場原理なる一神教に凝り固まらず、八百萬《やおよろず》の神様におすがりしてこそ、農業の多面的価値の真髄を理解できるようになるではなかろうか。自爆するのはまだ早い。

II　改正農協法を斬る

1　農協法改正の枠組み

改正農協法が成立したが、議論は中央会制度の廃止と准組合員利用規制に集中した感がある。しかし、改正の内容は思った以上に大きい。なかでも、気になるのは配慮義務とはいえ農協の目的に「農業所得の増大」という言葉が挿入されたことである。以下では、その意味するところを考えてみたい。

改正農協法の提出理由は「最近における農業をめぐる諸情勢の変化等に対応して、農業の成長産業化を図るため、農業協同組合等についてその目的の明確化、事業の執行体制の強化、株式会社等への組織変更を可能とする規定の整備、農業協同組合中央会の廃止等の措置を講ずる」とある。

改正の要綱には、その他を除き6つの項目がある。第一が組合の事業運営原則の明確化、第二が組合員の自主的組織としての組合の運営の確保、第三が理事等の構成、第四が組合の組織変更等、第五が中央会制度の廃止、第六が総合農協等の会計監査人の設置である（ここでの組合は農協と連合会）。

第一の組合の事業運営原則については、非営利規定の削除、農業所得増大を名目とした収益追究・還元を図ることで農協の「企業化」を推し進めるというのが狙いのようである。第二は「組合員の自主的組織としての組合の運営の確保」である。文言上では至極もっともであるように見える。第三の理事の構成は、定数の過半数を①認定農業者、②「農畜産物の販売その他の事業もしくは法人の経営に関し実践的な能力を有するもの」とし、②では言わば商売人を理事会に入れて、「企業化」を進めようとするものである。そして、できれば農協の組織変更を図り、会社にしてしまおうというのが第四の組織変更である。ここでは農協・連合会の事業の全部または一部の新設分割、株式会社、生協、医療法人への組織変更を可能にするとしている。第五、第六が中央会にかかる事項であり、その制度の廃止と農協への会計監査人の設置である。こうみれば、中央会問題は中心ではなく、協同組合としての農協に修正をせまる第一から第四の項目に注目する必要があることがわかる。すでにいろいろなところで書かれているが（巻末参考文献Ⅱ参照）、順番に検討していこう。

2　利益を還元して農家所得に貢献する農協像

(1)　農協の目的——「営利を目的としない」の削除

農協の目的を規定する新農協法第7条は、「組合は、その行う事業によってその組合員及び会員のために最大の奉仕を行うことを目的とし」の後の「営利を目的としてその事業を行ってはならない」が削られ次の2項が付け加えられている。②「組合は、その事業を行うに当たっては、農業所得の増大に最大限の配慮をしなければならない」。③「組合は、農畜産物の販売その他事業において、事業の的確な遂行により高い収益性を実現し、事業から生じた収益をもって、経営の健全性を確保しつつ事業の成長発展を図るための投資又は事業利用分量配当に充てるよう務めなければならない」。

非営利規定を削ったことについて農水省の経営局長は次のように説明している。「営利を目的としてはいけないという趣旨は、出資配当には上限があるということであって、組合が利益を上げたり、あるいは利用高配当で配るということは何も禁止しておりません。ですが、営利を目的として事業を行ってはいけないという書き方によって、農協の関係者の中には自分たちは儲けてはいけないんだと思っておられる方々が結構いらっしゃいます。ここはきちんと外の世界に出て行って、利益を上げていただいて、農家の所得も上がるような工夫をしていかなければいけませんので、その誤解を解くという観点で改正したい」（規制改革会議第23回農業WG議事録、一部省略）。

何とも、農協を愚弄した言葉であり、今まで「誤解」を放置していたという行政責任も生じそうである。金融改革の中で、自己資本比率などのチェックも厳しくなり、出資配当を無配として内部留保に努めてきた農協経営の苦労も無視されている。ではこれを削除して、「わかりやすく」何を付け加えたのであろうか。

（2）農協事業の目的は農業所得の増大か？

②には「農業所得の増大に最大限の配慮をする」とある。政府による農家への直接所得補償の話はどこかに消えてしまい、農協の持つ資源を総動員して政府の掲げる農業の成長産業化に寄与せよということであろうか。食料・農業・農村基本計画における根拠薄弱な10年後の所得倍増にも対応しているようである。

しかし、農協の事業の組み立てというのは、農家への信用供与と合わせた資材供給と生産物の調製加工販売であり、主に小口取引を取りまとめることでスケールメリットを農家に還元しているわけである。農協がいくら有利販売により高水準の売上単価を実現したとしても、農家が出荷する製品に占める高価格帯の規格品割合や単収そのものによって単位面積当たりの粗収入は異なるのであり、そこが職人としての農家の腕の見せどころである。有利販売やコスト削減に関わる低資材価格化などの事業改革はもちろん重要であるが、それが農家の所得に直結することはない。農業所得を生み出すのは農家である。もし市場原理主義者が、農協に社会主義のようなことを求めるとしたら噴飯物である。

しかし、全中は自己改革のなかで農協を「食と農を基軸として地域に根ざした協同組合」であると自己規定しているにもかかわらず、秋の大会議案で「農業者の所得増大」を最大の課題としている。農業所得ではなく「農業者の所得」としたところが味噌であろうが、どうしたわけであろうか。

3　いかにして農業所得の原資を生み出すか

（1）農協の共同販売を狙い撃ち

では、どのようにして農業所得を生み出すのか。③項では「販売などの事業の的確な遂行により高い収益性を実現し」となっている。これは「与党取りまとめ」（2014年6月）にある「単位農協が『農産物の買取販売』を数値目標を定めて段階的に拡大するなど、適切なリスクを取りながらリターンを大きくすることを目指す」という部分の反映であろう。この「利益」で事業の拡大再生産のための投資を行い、利用高配当して農業所得を稼ぎ出せということである。どうも農協販売事業の問題は共同販売にあるから、これをやめて買取販売にしろと言っているようだ。

たしかに青果物を例に取れば、共販体制というのは中央卸売市場体制のもとでのセリを前提とした見本取引に適合的であった。輸入も増え、川下のスーパーマーケットの力が強くなって卸売市場の取引も変化したが、だからと言って直接取引がすぐさま一般化することはありえない。必ず欠品が起こり、その結果は素性のしれないスポットでのやりくりと産地偽装になってしまう。卸売市場は価格を介して需給調整を行う競争が前提の世界のように描かれるが、産地銘柄が形成されるということは荷の安定供給のための慣行的取引が存在することを示しており、簡単に壊されるような代物ではない。新制度学派の出番である。共販の根拠は生きているのである。

（2）買取販売は全能の神か

買取販売というのは、いわゆる商系（商社）の専売特許で、農協もその真似をしなさいというのはある意味わかりやすい。しかし、ちょっと昔を振り返ると、地元北海道の水田地帯には米の登録業者で農協の「クミカン」を真似たミニクミカンをやるような委託販売業者も結構いた。買取ばかりが商系ではなく、商売にはいろいろな形態があるのである。農協の販売手数料についての考えも流通の多チャンネル化で変わろうとしている。直売場やインショップに出荷するなら経費は20～25％取られるのだから、農協の販売手数料が一律パーというのもおかしいということになる。1物1価が壊れる中で、手数料のあり方は再考されるべきだし、買取の議論もこの延長線上で行うべきである。

北海道の例で言うと、買取販売は決して珍しいものではなかった。戦前には北聯（北海道信用購買販売組合聯合会）の加工事業や輸出事業の一部で買取が行われており、現在でもホクレンの園芸事業では業態により買取が選択されている（Ⅳ－3を参照）。何よりも、二昔前までは雑穀で相場を張る農協は珍しい存在ではなかった。買取にはそれぞれの背景が存在したのである。そもそも大手の総合商社が取引でいちいち買取をやっているとでも言うのであろうか。リスクを取れば全てがうまくいくなどというおめでたい人は少ない。

（3）職能組合と言う名の農業サービス企業への転化

改正による農協の目的の明確化とは、一言で言うと農協の職能組合化である。兼業農家を脇に追いやって、プロ農家のための農協に転換し、准組合員の利用部門である金融共済事業は削ぎ落とす。職能組合という名の農業サービス企業への転換に他ならない。しかし、そこに残存する専門農協のイメージは、いかにもこぢんまりした加工型（6次産業化）の農協である。新世代農協がモデルであるというのなら、北海道の十勝の農協が近似した運営体制を取ろうとしている（Ⅲ－2を参照）。

かつて職能組合か地域協同組合かという論争があったが、北海道は職能組合の立場から農協の経営主義を批判した経過がある。ただし、農協の使命はあくまで農家の営農と生活を守るという家族経営主義の立場にあった。今回の職能組合化は農業の成長産業化というお題目のもとでのそれであり、弱いものは退場させて、行く行くは企業が農業参入を本格化させるということが前提となっているようである。理事会の構成も、そうした目利きが出来る人材を取り入れるという改正になっている。その北海道でさえ、人口問題の深刻さの中で、農協がいかに地域・生活問題にコミットするかが焦眉の課題となっている。そんな中での職能組合論による旗振りは縮小再編の道としか見えないが、いかがなものであろうか。

4　農協は事業者・営利企業になるのか

（1）公正取引委員会のガイドラインを条文化する

改正農協法の第二項目、すなわち「組合員の自主的組織としての組合の運営の確保」は、協同組合としてしごく真っ当な話であると受け止められたかもしれない。しかし、敢えて事業運営原則に続く第二の項目に位置づけられたからには当然重要な意図がある。公正取引委員会が２００５年の規制改革・民間開放会議の答申などを受けて２００７年に策定した「ガイドライン」（農協の活動に関する独禁法上の指針、その後改訂）の「精神」を条文化したものなのである。

この項目の1番目として「組合は、事業を行うに当たっては、組合員に対しその利用を強制してはならない」（10条の2として新設）とある。独禁法22条のただし書には不公正競争（と不当な独占価格）が行われた場合には独禁法を適用するという歯止めがかかっており、敢えて条文化する必要があるとは思えない。ガイドラインという未然防止策の強化のために改正を行ったのであろうか。さらに、ガイドラインでは各事業に関する専属利用契約は強制がない限り、独禁法の問題とならないとされていたが、この項目の2番目として専属利用契約に関する規定の廃止が盛り込まれている。このように、条文としては短いが、公取のガイドラインの「精神」が法制化され、さらに専属利用契約も廃止されて、農協は「事業者」として位置づけられ、その先にはより強い独禁法の適用が待っていると考えられるのである。

さらに項目の3番目では、農協の利用高配当を出資金に充当する回転出資金の廃止も書き込まれている。第7条では、「事業から生じた収益をもって事業の成長発展を図るための投資または事業利用分量配当に充てる」としているにも関わらずである。これは明らかな矛盾である。

（2）農協は事業者か事業者団体か？

農協が事業者か事業者団体かという性格規定を行うことは難しい問題である（北海道地域農業研究所［2012］参照）。もともと独禁法（競争法）のルールは戦後にGHQによってもたらされたものであり、財閥解体後の競争ルールを規定したものである。アメリカでは、19世紀後半に株式会社による資本集中やトラスト（企業結合）が進展し、その弊害を除去するために反トラスト法などが制定される。その原動力となったのはグレンジなどの農民運動であるが、逆に農協や労働組合に反トラスト法が適用されて設立が難しくなるという難問の末、適用除外法等の体制が徐々に確立されていったのである。したがって、アメリカでは事業者規定が優位であり、農協法においても排他的販売契約規定と契約違反に対する救済規定が存在している。つまり、一度設立されれば、余程の公共性に反する行為が無い限り、農協は守られているのである。

日本においても独禁法の施行と同時に農協にも適用除外規定（22条）が適用されている。その場合、農協は「事業体である農家」の団体（事業者団体）として規定され、日本の独禁法の中心であるカルテル規制を適用しないとされている点がアメリカと異なる。ただし、個々の事業に対する専属利用契約は任意性を前提に認められており、アメリカと同様であった。先に述べたように、適用除外にはただし書があり、不公正取引と不当な独占価格の設定行為が行われた場合には除外を行わないとされている。先の公取のガイドラインの策定もこれを根拠とし農協による不公正取引に当たる事例を列挙している。わざわざ策定した背景には農協性悪説があり、農協が事業者として独自性を強め、組合員に対して総合事業体制のもとで事業利用の強制（抱き合わせ）を行っているという認識がある。

このように従来からの独禁法による農協攻撃は、農協の事業者化と総合性を根拠にしてきたが、現在の農協改革はまさに農協の事業者団体から事業者への転換を強制するものであり、農協は挟み撃ちにされている。独禁法適用除外の解除はそのターゲットを連合会から単位農協に移したと見られ、出口として用意されているのは総合農協からの転換、専門農協化に他ならないのである。

Ⅲ　事業の総合性とその発展

以下では、規制改革会議が示す専門農協論に対置する形で、なぜ総合的事業方式が必要なのか、その歴史的・経済的根拠を明らかにすることにする。

1　事業の総合性——その経済的根拠を探る

(1)　総合農協と専門農協

戦後設立された農協は、信用事業を行うかどうかにより一般農協と特殊農協に区分され、それが現在では総合農協と専門農協と言い習わされている。総合農協は当初1万3000を数えたが、合併の進展により1994年には3000を割り、現在694まで減少している。専門農協（出資組合）については1950年台後半に5500を数えたが、これも総合農協との合併もあり現在964となっている（『農業協同組合現在数統計』2013）。

総合農協は1930年代の産業組合拡充運動を画期として網羅的に設立されたのが基本であり、中央会組織をトップに3段階制が当初から採られていた。作目的には統制が進展したこととも関連するが稲作を基幹としてきた。こうしたことを背景に、戦後は一般組合と呼ばれたのであろう。

専門農協に関しては、その設立目的も様々であり、それは非出資組合が現在861（設立当初は1万6000）あることに現れている。ただし、代表的には西日本の青果物販売組織（日園連系）と全国的に分布する酪農組合（全酪連系）がある。前者は農会系統による青果物の販売斡旋の受け皿（郡農会）と産地問屋が合体したもので同業組合的性格を持ち（玉［1996］）、後者は乳業加工メーカーの特約組合的性格を濃厚に持っている。取扱品目が地域性や特異性を有したことから特殊組合と呼ばれたのである。一般的には信用事業を行っていないため、複合経営を行う農家は総合農協との二重加入をしていた。

このように、総合農協と専門農協は作目において住み分けをしていたが、基本法農政下の選択的拡大により酪農・畜産、青果物が拡大し、総合農協も取扱い品目の枠を広げ、一部両者の競合状態が起きる。これも青果連のケースのように、総合農協の郡単位での合併に専門農協が参加する形で融合化が進行している。また、総合農協が取り扱い品目を拡大する中で作目別の生産部会組織を設けるケースが増加しており、いわば総合農協の中に専門農協的な機能を取り入れているのが現状である。総合農協を否定し、専門農協への組織再編を促す議論は以上の歴史的展開を無視する議論にほかならないし、その想定する組織規模はかなり小さいものと思われる。

（2）総合事業方式の成立――敵の取引形態をまねる

では、こうした信用事業を核とする総合的事業方式はどのようにして生まれたのであろうか。それは戦前の産業組合時代に遡る。当時は地主的土地所有のもとで小作農家に対する金融は高利貸しによるものが多く、高利貸しは肥料商人や米問屋を兼ね、肥料を現物で貸付け、米で現物回収する「仕込み支配」が一般的であった。

農村産業組合（以下農協と略）運動は、こうした貧困の悪循環の解消を目的としていたが、そのためにはこうした前期的資本と同様のシステムを作り出す必要があった。何故なら、小作農は不動産担保を持っておらず、初期産業組合で行われていた相互金融は上層農家間のものだったからである。

この方式は、以下の通りである（**図2**）。まず、農協は政府による低利融資により生産資材（肥料）を仕入れ、農家にそれを現物で貸し付ける。貸付金の返済は、農家が農協に米を委託販売することで販売代金から相殺される（農産物担保金融Ⅰ）。これに加え、農業倉庫の入庫品担保金融も同時に行われるようになった。政府補助により農協が農業倉庫

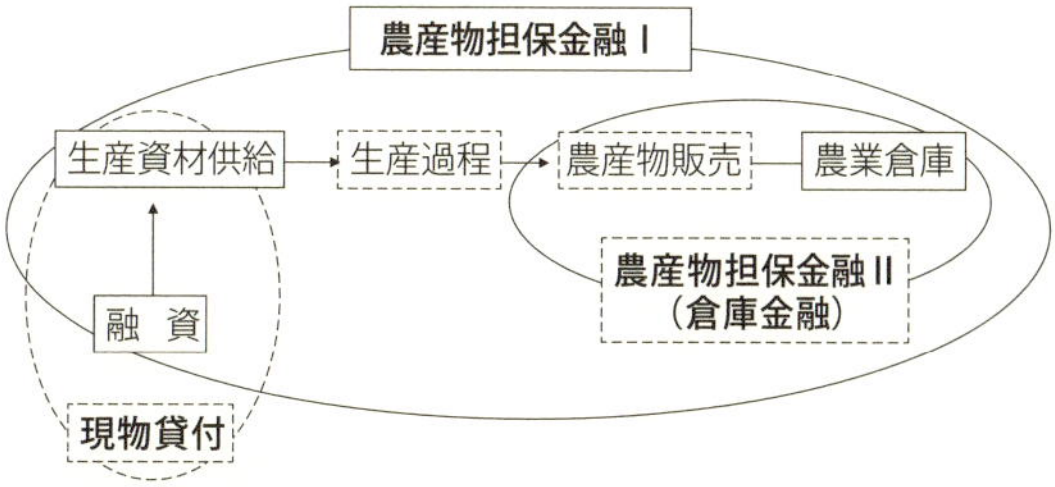

図2　金融を基礎とした農協の総合的事業方式

注：筆者作成

を設置し、入庫する米を担保に米価が上昇する年明けまでのつなぎ資金を融資し、有利販売を行う仕組みである（農産物担保金融Ⅱ）。

このように、このシステムは、担保力の無い小作農に対し現物貸付―現物回収を行うシステムであり、形態的には「仕込み支配」と同様である。しかし、農協利用により農家の利子負担は軽減し、同時に有利販売を行うことが可能となった。農協もまた、融資―資材供給…生産…農産物販売―資金回収という各事業の連鎖のなかで事業量を拡大し、流通面での価格交渉力を強化し、農家資金の歩留まり率の向上による運転資金の自賄い化を実現したのである。このシステムの形成により、急速な事業伸長をみせたのが戦前の北海道の農協にほかならないのである。

（3）農産物担保金融としてのクミカンの制度化

もちろん、この事業方式の定着については1942年制定の食糧管理法の存在を抜きには語れない。米が政府の全面管理下に置かれ、農協がその集荷を請負う仕組みのなかでは、農協の米代金を担保とした貸付にはリスクは伴わないからである。ただし、こうした制度への安住は農協事業を硬直化させ、「米肥農協」という批判をもたらしたことも事実である。ただし、それは農産物貿易開放の帰結としての水稲単作化を反映したものであり、米過剰化による経営転換の中から総合農協での販売取扱い品目の多角化が現れてくる。

北海道においては、農産物担保金融の制度として戦後初期に開始された農業手形制度が広く活用されたが、その廃止後には農協独自での営農資金の貸付制度が創出されていく。その充実過程においては、信連の役割が大きかった。そして、究極の農産物担保金融のシステムが1961年から実施された組合員勘定制度（クミカン）であり、これは北海道の農協中央会が中心となって短期間に普及がはかられ、独自の営農・生活資金供給システムとなっている。負債問題との関連でシステム運用上の課題が指摘された時期があるが、基本的には資金力の乏しい家族経営が総合的に農協事業の利用を行う仕組みとして評価できるものである（Ⅳ－4を参照）。

このように、農協の最大の機能は信用事業を軸として経済事業を関連付ける総合性にあるのであり、北海道の農協事業のあり方はその有効性を示しているのである。

2　多様な進化をみせる北海道の農協

(1) 開発型農協の事業展開——近代化の中の農協

規制改革会議は単位農協の営農部門における限界を述べ、それが連合会による画一的指導と硬直的な取引関係という負の遺産によるものだという。しかし、そもそも単位農協の経済事業は一方的な後退局面にあるのだろうか。ここでは多様な展開をみせる北海道の農協の到達点を確認することで反論としたい。

■信用事業を起点とした事業連関とその拡大

北海道の農家は、府県と比較して規模が大きく、したがって生産資材購買額、農畜産物販売額はともに大きい。そのため、年間の営農資金供給が決定的要素となり、金融を起点とする購買―販売事業のシステムの形成が不可欠であった。これが組合員勘定制度であり、戦後の農業手形制度の延長線上に北海道独自にシステム化されたのである（Ⅳ－4参照）。農家は営農計画書を作成して年間の資金計画を農協に提示し、出来秋の農畜産物を担保として、限度額範囲での総合貸越口座を設け、生活資金を含む資金供給を受けるというものである。この契約により、農家は農協に対し一元的な取引関係を取り結ぶことになる。

また、農業近代化政策のもとで規模拡大が進展し始めると、農家の長期資金需要が高まり、それに対応した資金制度が拡充されてくる。ここでも補助事業の採択も含め、農家の投資行動に対する農協の規定性が強化されるようになる。こうした中で、農家経済の拡大再生産が農協の経済・金融事業の拡大再生産に直結する事業構造ができあがっていく。地域農業の開発が農協事業構造に直結するという意味で、「開発型」農協と規定することができる（坂下［1991b］）。

■農協の資金ポジションの3類型とその解消

1972年のオイルショック以降、全国的には農協事業の伸び悩みが指摘されるが、1970年代末までは北海道の農協事業は拡大を続けていた。その背景には、旺盛な資金需要の存在がある。そこで、1980年時点での農協の資金調達・運用構造を**図3**によりみてみよう。X軸に農協資金の運用局面を示す貸預率（預金／［貸付金＋受託資金］）を、Y軸に調達を示す貯借率（［借入金＋受託資金］／貯金）をとると、水田型地帯は貯金吸収と信連への預金運用が資金の主要な流れをなしており、左上に位置する。この時点ですでに水田地帯は余裕金運用に転換しているのである。これと対照的なのが草地型酪農地帯であり、資金需要は旺盛であり、主に制度資金を援用しながら依然として貸付金運用を行っている。これに対し、畑作地帯は北海道平均に近似的であるが、これは水田地帯と草地型酪農地帯の性格を併せ持つ存在であり、貯金を預金運用しながら、制度資金を農家に供給するというタイプの調達・運用を行っている。

　農家の資金需要が高い地域においては、農地資金を

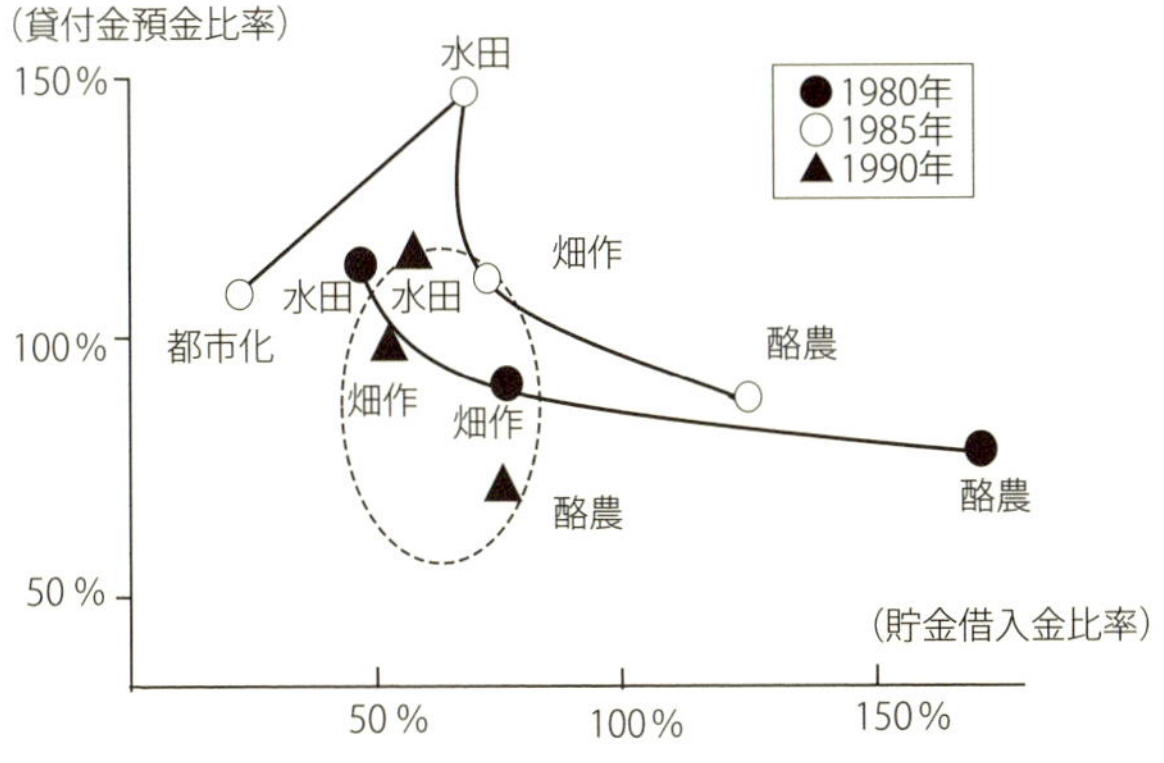

図３　北海道の農協の資金調達運用曲線

注：坂下[1994]p.114による。

除けば、その多くが機械・施設投資に回っている訳であり、農協の購買事業の拡大へとつながり、またそうした規模の拡大が販売事業を押し上げるように作用したのである。ただし、これは農家側から見れば負債圧の増加を示すものであり、投資の拡大は離農のリスクを背負ったものであったことも忘れてはならない。こうして、北海道の農協は1970年代まで、草地型酪農、畑作、水田の順で事業拡大を果たしてきたのであり、強く地域農業の動向に左右されてきたのである。

しかし、1990年にはこうした農協の資金ポジションの差は見られなくなり、点線で囲んだように各地帯の差は縮小をみせていく。この急速な動きは農家負債問題を伴うものであったが、それも次第に解消し、農協の財務構造は健全化したと見ることができる。

（2）生産部会の発達――多様化の中での専門化

こうした農協事業の拡大再生産と経営基盤の強化の中で、北海道の農協運営の特徴とも言われる部会制度が畑作地帯から生まれてきたことが注目される（坂下［2009］）。それまでの農事組合を中心とした運営から、販売に即した垂直統合による組織化が進展を見せたのである。同じ畑作地帯でも十勝とオホーツクでは部会の重点の置かれ方が異なり、他地帯への波及も見られる。

■施設利用型・十勝から稲作地帯へ

十勝畑作地帯は、豆作の時代から農業倉庫での豆の再調製を行うなど農協による独自の販売対応が見られた。戦後は加工原料地帯としてメーカーとの作付け調整、出荷調整を行うとともに、でん粉加工工場や精糖工場を系統として整備してきた歴史がある。その典型が士幌町農協の馬鈴しょコンビナートである（士幌農協研究会［2004］）。1980年代からは小麦の導入による乾燥調製施設の設置や畑作作付け指標への対応もあり、加工調製施設を基点とする施設利用型部会の組織化が進められた。その原型となったのが更別村農協である。施設利用の調整を狙いとする点でアメリカの新世代農協との類似点を持っている。中札内農協のように部会運営が農家に委ねられるケースも存在したが、一般的にはトップダウン的な性格が強いといえる。

近年、農協による施設投資を核とする販売対応は、米地帯で強化されている。「米の商品化」が進み、業態別・用途別に米の再調製を行う物的基盤が整備され、等品質のロット販売が取り組まれている。乾燥・調製・貯蔵システムは農協ごとの個性があるが、生産者の組織化は稲作振興会から米部会への転換として現れている。

■作目別部会型・オホーツクから野菜地帯へ

網走、なかんずく北見地域にあっては、畑作をベースとしつつ水田、酪農を含む複合型の産地が形成され、そこに野菜が導入される。その代表がたまねぎであり、これを契機に1970年代から作物ごとに生産部会が組織されるようになる。この地域は、十勝に対し相対的に経営規模が小さく、集落を単位とする機械の共同利用など集団的対応が見られ、ボトムアップ型の農協運営が行われてきた。販売は、野菜などを中心に卸売市場対応が重要であり、集出荷施設の整備が進行する。そのための生産・出荷計画ならびに技術水準の高度平準化が組織の重要な機能となる。この点で、西日本の専門農協との類似性を持っている。きたみらい農協はこのタイプの典型であり、合併により部会の広域化を図りつつ、支所での減農薬などの「こだわり部会」を併存させることで、流通の多チャネル化に対応した部会運営体制を構築している。

こうした組織化は、水田・畑作地帯においても進展を見せている。その優良事例は苫前町農協であり、旧来の水稲・酪農地帯から86年の農業振興計画の策定を契機にメロンを代表とする野菜産地に変ぼうしており、その核は作目別生産組織と地域別班組織である。

(3) 地域農業支援システムの形成——地域の分業体制

このように産地形成の過程では部会組織による組織化が先行したが、激しく進行する農村部での人口減少を受けて、面的な組織化が近年注目され、様々な取り組みが見られている。地域農業の分業体制の形成であり、地域農業支援システムと呼ばれるものである（坂下［2009］）。

■拠点型協業法人による組織化――農地問題を基点とした新しい動き

経営転換の手法として、農協が積極的に協業法人の設立をサポートするとともに、それを管内の各地区の農地保全のための拠点として位置付けている事例を、拠点型協業法人化と呼んでいる（坂下他［２００７］）。北海道の場合、地権者集団を基礎とする府県の集落営農を想定することが難しいため、この拠点型法人化を北海道的な「集落営農」と位置付けることができるかもしれない。両者の共通点は農地の保全にあるが、その意味は大きく異なる。

この典型が南幌町での取り組みである（坂下［２００４］）。１９９０年代後半からの長期型農地保有合理化事業による中間保有地の売り渡しを前提に、各地区で継起的に協業法人の設立を進め、大型複合経営や作業受託により法人の収益性を高め、法人による農地取得を可能とする体制を整えたのである。また、作業受託や野菜産地の基盤形成により、各地区・農協との共生を追求している。

畑作から酪農への移行地帯である大樹町においては、草地型酪農地帯とは異なりミニ農場制が確立しておらず、町内の農地の需給アンバランスを抱えていた。全地区を網羅するとはいえないが、農事組合法人によるメガファームを設立することにより、管内乳量の確保、農地の調整、作業受託などを通じて個別経営との共生を図っている。

中山間地帯の津別町は沢地帯の条件不利地を多く抱えるが、既存の機械利用組合をベースに畑作部門での協業法人を設立し、たまねぎなどの導入により集約化を図り、沢地帯での耕境後退の防波堤としている。

このように、拠点型法人化は、大規模協業法人育成により経営転換を図り地域の農地保全に資するとともに、管内農業再編の先駆者であるという二重の意味での拠点形成を図っているのである。

■部門別支援組織を基礎とした総合的酪農支援システム

草地型酪農地帯においては、個別完結型のミニ農場制が主流であり、農協は数次にわたる負債対策農家への支援を大きな課題として抱えてきた。しかし、1990年代からは、より一層の規模拡大が進展し、乳牛飼養・搾乳形態もフリーストール・ミルキングパーラー方式への転換が進んでいる。このため、従来以上に酪農労働の過重化が進行し、外部委託を行わなければ搾乳部門の維持が不可能となりつつある。

このため、粗飼料生産・調製については、農協直営、あるいは外部のコントラクターの組織化を図ることで土地利用部門の作業軽減を図りつつある。また、TMRセンターの設立により、より恒常的な飼料供給システムの形成を図るケースも増大している。ただし、世界的な飼料高騰で粗飼料基盤の強化が図られる中、放牧を取り入れた飼養管理方式も一方で見直されており、この方向性は必ずしも確立したものではない。

また、かつては赤字部門といわれた公共草地の見直しを図り、哺乳を含む育成部門の外部化や肉用素牛生産を付置する対応を行い、育成部門の労働軽減と更新費用の縮減を狙う試みが実施されている。搾乳部門に関しても、休日型の酪農ヘルパー制の拡充やパート労働のあっせんなど、労働軽減への対応が行われている。

こうした各部門での労働の外部化と併せ、技術革新を経営成果に結び付ける経営コンサルティングの体制整備も進められつつあり、新規参入者対策と併せ酪農における総合的支援システムが形成されようとしている。その典型が浜中町農協である。

■耕種・野菜部門での作業受託組織

地域の労働力不足問題に対応した地域的対応は、露地型野菜地帯で最も早く行われた。ここでは、従来、産地問屋への「青田売り」の慣行が存在し、それが売買と連動した収穫作業受託体制（出面《でめん》集団）へと移行し、産地形成を目指す農協も対抗的に受託組織を形成するという展開が見られた。その典型が、１９９４年設立のふらの農協（旧富良野農協）の有限会社アグリプランである。１９９６年には、若年層を中心に季節労働力を全国から募集する農作業ヘルパー制度も発足させている。また、十勝の音更町農協ではにんじんの包括的な受託作業体制を形成しており、注目される（坂下［２００８］）。

野菜を中心に集約的な展開が見られる地域で、主として土地利用型作物の作業受託を主に担当する組織の形成も見られる。１９９３年に設立された厚沢部町農業振興公社、平取町の農業支援センターに

２００４年に付置された平取町の有限会社アグリサポートなどが代表格である。

３　農協機能の全面発揮を目指す韓国・台湾の農協改革

日本の、そして北海道の農協は東アジアという温帯モンスーンという農業風土のもとで総合農協として発展しており、近隣諸国の農協の組織形態、事業形態に大きな影響を与えている。規制改革会議は、農協の在り方として職能組合的方向を示しているが、それが東アジアの農協のあり方と大きくかい離していることを韓国と台湾のケースによって示すことにする。両国はともに日本の旧植民地を経て、日本に続くアジアでの工業化（アジアＮＩＥＳ）を経験した国である。

（1）東アジアの総合農協の存在

農協の発祥の地は西ヨーロッパであり、特にドイツの小農地帯を中心に発達し、さらには北アメリカなど白人植民地に普及していった。19世紀半ばまでのドイツの農協は、集落を基盤として農家相互の金融を行い、あわせて資材の購入や農産物の販売をも行う総合事業の形を採った。しかし、農協の規模が拡大するとともに、信用事業と経済事業（資材の共同購入や農畜産物の品目別販売を行う事業）が分離するようになり、信用組合と各種の品目別の組合が形成され、農家は幾つかの農協に加入するようになった。農家の自立性が強く、必要に応じて農協を利用したからである。この形を専門農協という。これが世界の農協のひとつのタイプをなしている。

これに対し、日本を代表とする総合農協のタイプが存在する。東アジアの農協に多くみられるのがこのタイプである。日本は20世紀始めにドイツの初期の総合型農協モデルを導入し、それを日本の現実にあわせて改良し、政府による保護のもとで発達をみせる。日本の植民地であった韓国、台湾もまた、植民地時代の導入を一つの契機として、独立後に独自の農協を作り出してきた。この3つが総合農協の発達した典型的な国である。その後、東南アジアでもヨーロッパを中心とする開発援助のもとで農協がつくられるが、そこで導入されたヨーロッパの専門農協モデルは、貧困や高利貸しの存在などにより十分経済的機能を果たすことができず、東アジアの総合農協タイプへ転換した国も多い（例えばタイ国）。これは、農家の自立性が乏しく、ヨーロッパのように農協を選択する余地に乏しかったからである。この過程で、東アジアの総合農協モデルも評価されるようになってきた。

（2）農協組織・事業のバリエーション

ただし、日本、韓国、台湾の総合農協を比較してみると、その事業のあり方は異なっており、しかも高度経済成長のもとで農業部門が相対的に地位の後退をみせたため、信用事業部門に傾斜する傾向もある。

まず、**図4**により3カ国・地域の農協系統組織を比較してみよう。ともに単位農協は総合農協である。しかし、日本では組織再編前（１９９０年代前半まで）には事業部門別にエリアに対応した２段階の連合会を持つのに対し、韓国では巨大な農協中央会（以下、日本の中央会と区別するためにＮＡＣＦと表記）が強い力を持つ２段階制をなし、台湾については連合会は指導機関に過ぎず単位農協の自立性が強いという大きな違いがある。

歴史的に見ると、韓国の農協は１９６１年から３段階制を取るが、軍事政権下の統制経済の下請け機関として位置づけられていた。主に資材（主に肥料）・農産物（主に糧食）・貸付資金（営農資金）の統制組織といってもよく、ＮＡＣＦは物資・資金の配分計画を担当し、市郡農協が実際の計画実行に関する指令を行っていた。わずか１００戸に過ぎず事務所も欠く里洞農協（日本の集落に相当するエリアに設立）はその受け皿に過ぎなかった。しかし、１

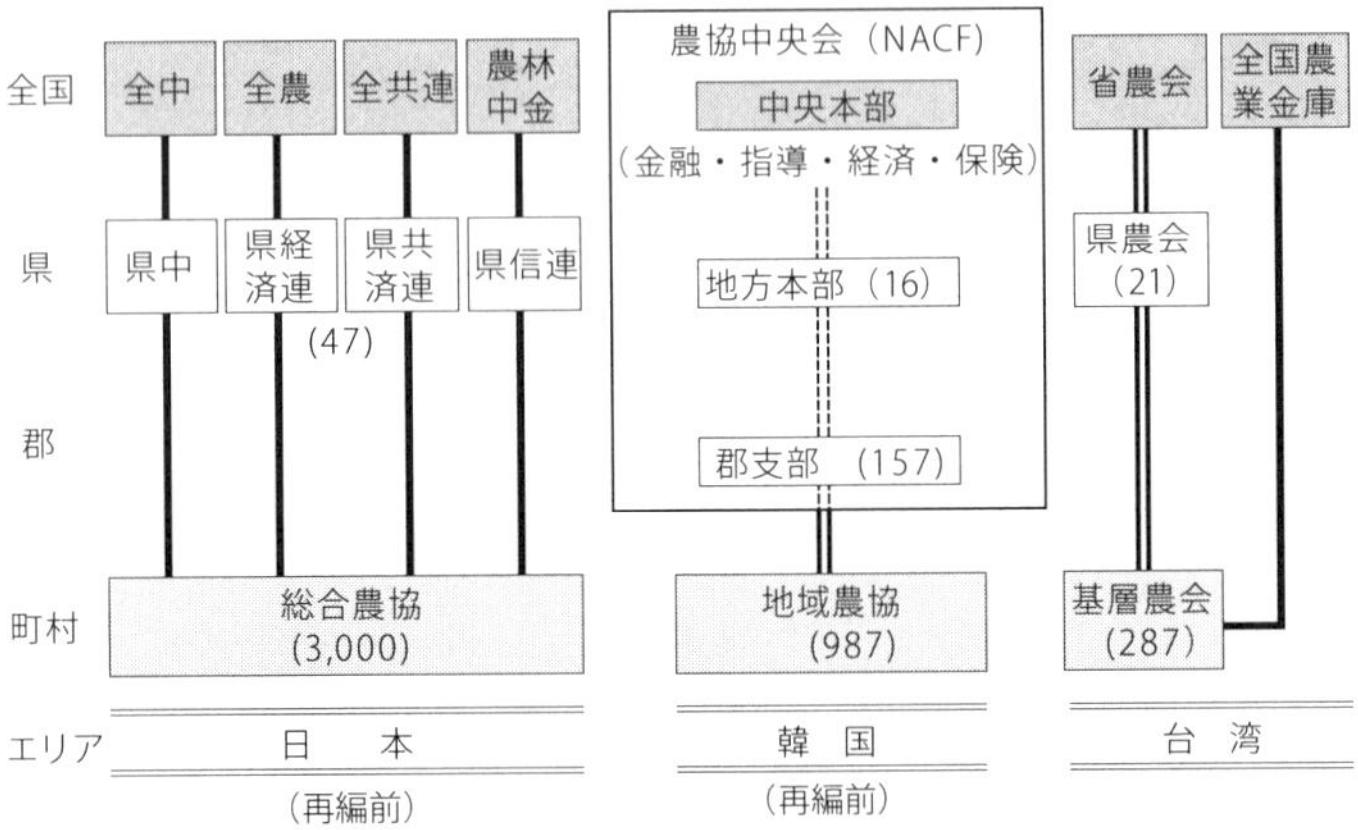

図４　東アジア３国の総合農協と連合組織の形態

注：日本は概数、『農協年鑑2009』韓国農協中央会、『台湾区各級農会年報2009』台湾省農会により作成。

972年までに単位農協の合併が進み、里洞から邑面（日本の町村に相当）へとエリアを拡大し、規模も1500戸程度となった。政府の委託業務を市郡農協から移管され、1973年には相互金融事業（単協の信用事業）も法認され総合農協としての体裁を整える。そして、1981年に市郡農協はNACFに統合され、現在の2段階制が形成されたのである（桜井［1973］、李［1993］）。

台湾の農会は日本の植民地末期に団体統合によって設立されていた「農業会」をもとに設立されている。単位農協は郷鎮（日本の町村に相当）をエリアとし、県市農会、台湾農会を上部組織とする3段階制で一貫している。ここでも、国民党の独裁下で政策の下請け機関に位置づけられ、「米肥バーター制」や「金融パイプ」の役割を果たしていた。しかし、1973年の農業保護政策への転換により、総合農協としての自立性を獲得している。連合会は事業を行わず、指導事業のみを行っている。1974年に出資金制度が廃止され所有権が曖昧となるが、信用事業拡大による剰余金の拡大が営農指導事業の原資に当てられ、各品目別の産銷班の育成による卸売市場への販売斡旋業務が展開をみせる（孫［1973］、梁他［2010］）。

このように、両者はともに1970年代前半での農業保護政策への転換をうけて単位総合農協としての発展を見せ始めるが、事業的には農業の縮小化とともに信用事業への傾斜を強めるのである。

（3）信用事業中心の事業展開

図5は、日韓台の信用事業の資金の調達・運用の現状を示している（2009年、各級のバランスシートによる）。日本では単位農協の貸付金が減少して、連合会の各段階において一般金融市場での資金運用が行われている。これに対し、韓国では単位農協での相互金融とNACFの銀行業務が分離されており、台湾では単位農協の相互金融の補完組織として新たに農業金庫が設置されている。

韓国の農協金融の特徴は、農家への政策資金を補完するために連合会であるNACFと市郡農協（後に統合）に市中からの貯金吸収を行う銀行機能を付与した点にある。その後、単協での信用事業が開始され、日本の農林中金に相当する相互金融特別会計が設置され、2本立ての構成となる。制度資金の重要度は1980年代以降徐々に低下し、NACFの

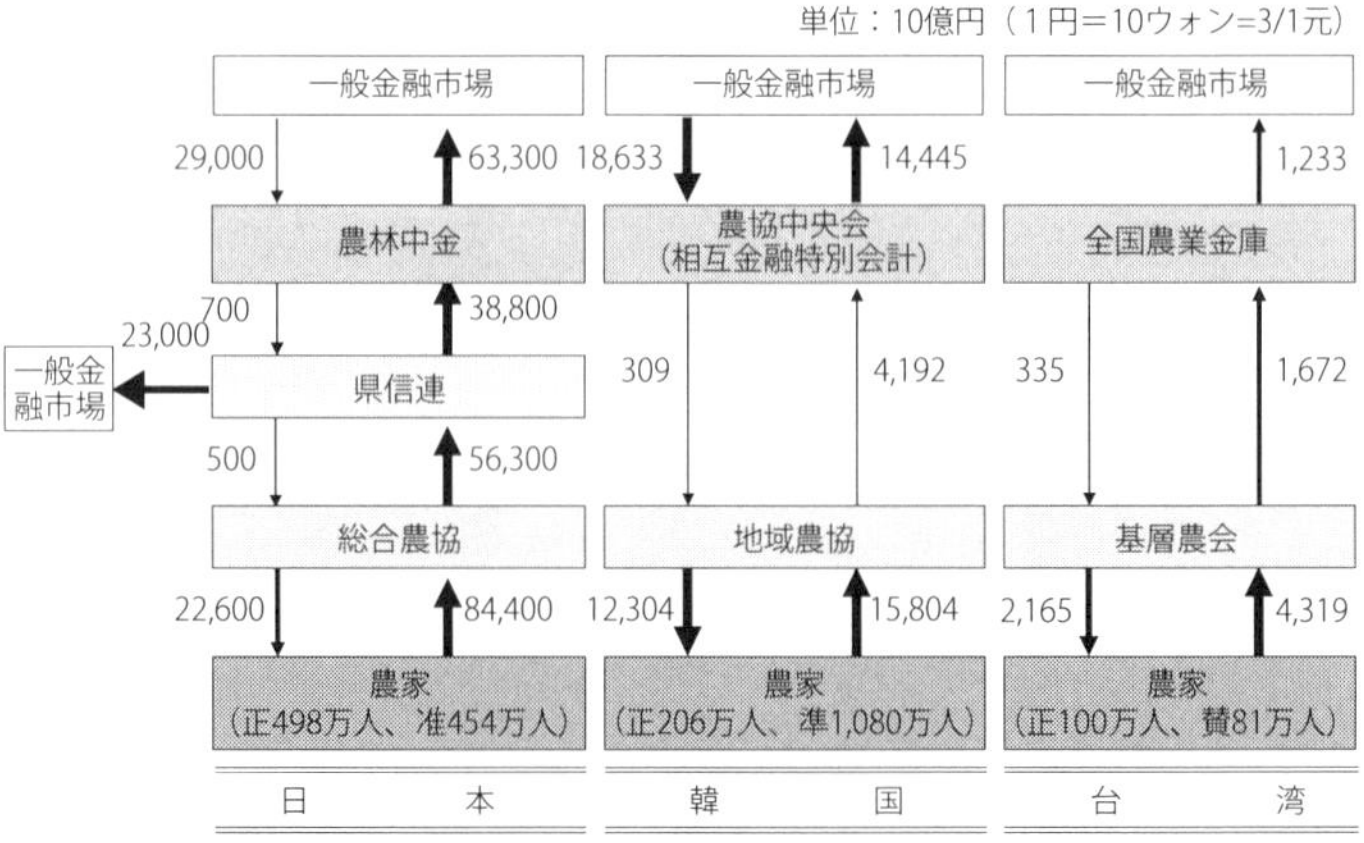

図5　東アジア3国の農協金融の構造（2009年）

注：『農林漁業金融統計2011』農林中央金庫、『農協年鑑2009』韓国農協中央会、『台湾区各級農会年報2009』台湾省農会により作成。

資金運用は有価証券運用に傾斜し、投資銀行的側面を強め、サブプライムローン問題に直面する。単位農協での貯金残高は増大を継続しており、貯貸率が70％台に低下した分特別会計への余裕金も増加し、有価証券中心の運用となっている。

台湾の農会信用事業の特徴は、資金調達が当初から郷村内部の非農家（賛助会員）から行われ、それが農家（会員）に貸し付けられるという資金循環が形成された点である。1961年からは政策融資である「統一農業貸付」が開始される。農協の余裕金は合作金庫ほか3行庫に預金される仕組みであり、独自の系統組織を持たなかった。1980年代中期からは農地転用による農家の貯金増に対応して積極的な貸付増を示すが、バブル崩壊後には膨大な不良債権を抱え経営問題に直面する。さらに、金融自由化による競争激化により信用事業の成長は停滞的になる。2001年には破綻農会の不良債権処理が行われ、さらに政府による農会経営管理の強化に対し大規模な農民デモが発生したことを背景に、農会の政府主管部門が農業省に一元化される。そして、2005年には農業金庫が設立され、信用部門の系統2段階制がしかれるのである。

このように、日本と比較すると単協レベルでの資金運用は活発であり、農協経営にとって大きな収益源であるが、それはリスクを伴ってのことなのである。

（4）韓国と台湾の農協改革の方向

こうした信用事業への事業の傾斜とその是正という点での農協改革は日本も含め共通したものであるが、その改革の方向は日本のそれとは大きく異なっている。

韓国の農協改革は、WTO加盟問題にゆれる1990年代半ばから議論され、その焦点は巨大な総合連合会であるNACFの信用事業から経済事業を分離し、グローバル経済化に対応して地域農業振興に積極的に取組む事業体制を実現することであった。NACFの抵抗は大きかったが、2011年に法改正にまでこぎつけている。NACFの経済事業と信用・共済事業を分離して子会社化し、経済・金融の2つの持株会社のもとに置くことにした。同じ信共分離論ではあるが日本とは大きく異なり、経済事業の位置づけはポジティブなものであり、しかも連合会の体制問題に限られているのである（多木［2011］、中野他［2013］）。

台湾の農会はバブルの崩壊と金融自由化下の競争により、特に純農村地域の場合は信用事業中心の路線からの転換を迫られている。2002年のWTO加盟とその後の中台FTAの締結により農産物輸入が大きく拡大するなかで、農村の価値に焦点を当てた新たな農村開発政策の担い手として政策的にも位置づけられている。営農指導事業は、これまでの信用事業の収益を原資とするものから農村政策的補助金に依拠するものへ転換しており、政策の強力なバックアップが存在しているのである（梁他［2010］）。

Ⅳ　北海道から総合農協の役割を考える

ここでは、北海道の農協に即して総合農協の役割について考える。そこからは農協の各事業の展開がまさに農家の営農の進化と一体になったものであり、営農の総合性に対応したものであることが見えてくる。

1　営農指導体制の歴史と今後

(1) 北海道的な営農指導の特徴

北海道においては営農指導の範囲を生産から販売までのトータルなものとして捉え、専任的な指導員を置かず、各部門が分担するという方式を採ってきた。指導融資、指導購買、指導販売という考え方であり、極端にいうと農協職員はすべて営農指導員ということになる。したがって、営農指導費は特定された指導員の人件費としては現れないという特徴をもっている。総合指導型の営農指導体制といえる。これは、クミカンに象徴される総合管理システムに対応しているわけである。

これに対し、府県では営農指導員あるいは営農技術員は専任制が採られており、独自に営農部のもとで活動してきた。その最も充実した県はかつて長野と言われ、「野菜王国」長野を支えるものとして、県経済連による県域販売能力、県レベルの生産者組織と並び営農技術員の存在が位置づけられていた。技術員は1970年で1000名を越え、1990年には1200名体制となっていた（2012年では597名）。農事、園芸、畜産にわかれた専門職である。また、人事は県中央会によって行われ、主に郡単位で人事交流が行われ、優秀な営農技術員が郡域での指導者になるというルールが形成されていた（坂下［2009］）。

また、この間の大規模な合併によって生まれた広域農協では、営農センターのもとに専門指導員が、基幹支所に一般指導員が置かれるという分業体制が採られるケースも多い。いずれにしても、府県では専任制が敷かれているのである。

（2）地区連体制下での営農指導

では、北海道では以前から総合指導型の営農指導体制が布かれていたのであろうか。実はそうではない。専任の営農指導担当職員は、第二次大戦前には農会技術員、畜産組合技術員のかたちで存在し、それが戦時期の農業会を経て、戦後の地区生産連（地区連）と単位農協という系統組織の中で継承されていた（坂下・田渕［1995］）。農協設立直後の経営危機の中で営農指導部門の経費は削減されていたが、営農指導員の人事権は道内12地区（14支庁のうち北海道南部の4支庁をそれぞれ2地区に統合した体制）に設立された地区連が持ち、彼らは地区内の農協間を移動して、地区連の責任部局に昇格するというスタッフ制のルールをとっていた。地区を単位とする横断的な営農指導体制である。全道組織には至らなかったが、地区ごとには「技連」（農協技術員連盟等）が結成されていた。**表4**に示したように地区連の職員数は1960年に415名に、1965年では707名を数えたのである。

（3）農協ブロック体制の形成と2段階化

1960年からは全道農協系統の体質改善運動（～69年）が実施され、地区を基礎とする事業の合理化が提起され、地区には総合運営委員会がおかれて道連の支所と地区連とが一体的に運営されるようになった。なかにはワンフロアー化を行う地区もあった。こうした実践の中から地区単一農協構想（釧路・十勝等）も生まれ、北海道型の農協合併への問題提起となった。この体制の期間は短いものであったが、当時の適地適作運動など北海道農政にみられる地帯別の農業振興のあり方に大きな足跡を残している。

この地区連を中間組織とする道内3段階体制は、地区連事業の北海道生産連、北農中央会、ホクレ

表4　地区連の職員の割合

単位：人

	1960	1965	1970
中央会	152	192	232
北信連	272	323	259
ホクレン	1,091	1,380	2,209
北共連	183	180	253
北生連	32	110	385
地区生産連	415	707	538

注：『北海道生産連史』p.158による。

ンへの譲渡ならびに北生連事業の一部ホクレン移譲（残りは農業開発公社へ）により、現在の道内2段へと移行する。ただし、地区連を存続させた十勝（農協連）では、その位置づけに関する議論はあったようであるが、現在のJAネットワーク十勝に至る発展を示しており（太田原［2008］など）、北見農協連でも機能強化が現在検討されている。

再編により地区連および北生連の職員はホクレン、中央会へ移籍となる。ホクレンはこれを一つの契機として畜産部門の強化を図っていく。また、中央会は農協経営管理改善に取り組み、1961年に定式化されたクミカン（組合員勘定制度）の普及を通じて単協での営農指導事業を営農計画化主体に展開するのである。この合理化により全道レベルでの技術系職員の専門性は強化されたが（特に畜産）、中間段階を整理したことにより、単協での営農指導担当職員の専門性は保たれなくなり、現在の総合指導型の営農指導体制へと変化したと考えられる。

（4）営農指導体制の現状と改革方向

表5は営農指導担当職員の趨勢を示したものである。北海道の場合、専門職としての営農指導員は少ないため、見做し営農指導員である。絶対数では、1970年代の1200名から1990年代の1300名に増加をみせ、その後減少傾向を見せるが、直近で増加を見せている。この中には、北海道独自のTAC（出向く営農指導）の取り組みが含まれている（きたみらい農協など、河田他［2010］）。

この間、農協数は２７０から１１０へと合併による減少を見せるが、合併時のメリットとされた営農指導強化、その専門職形成については必ずしも成果を上げていない。ただし、対職員比率では７％から10％近くまで増加しており、金融部門を除く職員比では８％から13％近くにまで増加を見せている。全国について言うと、２０１２年度の農協の職員数は21万１７８２人であり、うち信用事業が５万６８２１人、共済事業が３万９９９０人で合わせて９万６８１１人（全体の45・７％）である。営農指導員数は１万４１４２人であり、職員全体の６・７％、金融事業を除外した職員の12・３％を占めている。したがって、北海道の２つの数字は全国での比率より高いのである（『総合農協統計表』）。

問題は、こうした個別の農協の取り組みを相互交流して質の向上を図ることと技術職としての待遇を保証することである。そのためには、府県の事例やかつての北海道の営農指導体制を考慮した新しい営農指導体制づくりが急務である。

「ＪＡグループ北海道改革プラン」（２０１５）の中でホクレン

表５　北海道における営農指導員の動向

単位：%、人

年度	組合数	指導員不在率	営農指導員	職員比率	
				全体	金融除外
1975	277	18.4	1,223	6.9	8.0
1980	277	23.1	1,222	6.9	8.2
1985	271	15.5	1,265	6.8	8.1
1990	256	17.2	1,357	7.6	9.2
1995	240	15.4	1,366	7.5	9.2
2000	194	11.9	1,361	8.7	11.0
2005	125	11.2	1,229	8.7	11.3
2010	111	9.0	1,127	8.7	11.5
2012	110	8.2	1,220	9.5	12.6

注：『総合農協統計表』により作成。

は生産―販売―営農指導の三位一体運営を打ち出し、営農指導に関しては従来の農業総合研究所を母体とする営農支援センターを12の支所毎に配置する意欲的なプランを提示している。これは、現代的意味での生産連的機能の復活をめざす試みとして期待される。また、営農指導員の上級資格として北海道の農協独自に認定している農業経営診断士資格をより権威づける制度改革も行われており、専門職としての営農指導員のネットワーク化も重要であるといえる。

2 ホクレン事業構造改革の特徴と今後

農協の系統再編のなかで県段階の経済連の多くは全農と統合され、37県本部体制のもとにおかれているが、北海道は他の7県と同様に経済連を存続している。いうまでもなくホクレンである。ここでは、このホクレンの事業構造の変化を跡づけるとともに（**表6**）、その際立っ

表6　ホクレンの改革年表

年次	項目	備考
1919 1931	北聯設立 販売事業開始	
1943	北海道農業会（北農）へ統合	
1948 1954	北購連・北販連設立 ホクレン設立（経済連、59年改称）	
1960 1963 1965～69 1973 1976	農協系統の体質改善に関する決議 系統農協体質改善案 地区連の道蓮への事業移管、北生連の種苗事業をホクレン移管、地区運営総合委員会解散 ホクレン経営白書 中期事業運営の基本方向	第11回全道農協大会 全道組合長会 北生連は1970年に北海道農業開発公社へ 「付加価値経営」 第15回全道農協大会
1990 1991 1998	マーケティング本部 系統再編で「道内事業2段階」指向 ホクレン第4次中期計画 販売統括本部（2003年販売本部）	 第20回全道農協大会
2014	JAグループ北海道改革プラン	

注：各種資料により作成。

た特質とその存立意義を明らかにしたい。

(1) 北聯からホクレンへ

旧北聯(北海道信用購買販売組合聯合会)が設立されたのは1919年であり、まもなく100周年を迎える。ただし、販売事業を開始して総合連合会となるのはやや遅れて1931年のことである(坂下[1992])。県連合会は産業組合中央金庫(1923年)の設立を契機にまず信連が、続いて経済連が設立される信経分離型が一般的であったから、組織形態としても特異であった。

北海道の産業組合事業は当初は低レベルにあったが、急速に長野や福岡などの先進県と肩を並べるようになる。その要因が信用事業を軸とする北聯の総合的な事業体制による単位産組の補完機能であった。それは道庁の後ろ盾もあり、補完というには余りにも大きな存在だった。単協の信用事業はオーバーローン状態にあり、低利資金の供給が大きな役割を持ち、これが肥料資金や農業倉庫事業による入庫品担保の原資とされたのである。そして農家経済の拡大再生産が始まり貯金が急増する。この結果、余裕金が増加するが、他地域のように農村資金の戦時動員とはならずに、農産加工品や輸出品の買取資金や加工調製施設への投資資金として内部運用され、販売事業の強化が達成された。こうして戦時統制期への移行過程と重なりつつ、北聯は独自の事業体制を確立したのであり、それは澱粉、薄荷、除虫菊などの加工事業や直接輸出事業として突出した「自営事業」に代表される。組織的にも、北海道内に7

支所がおかれてそれぞれの主産地に対応した集荷の責任体制が形成され、また東京、大阪にも移出対応のための支所が置かれる。こうしてみると「北聯」段階で農家への資金供給が事業全体のベースにあること、連合会が独自に加工などの付加価値生産に取り組んだ事など、北海道の農協・ホクレン事業のフレームはかなり出揃っていたのである。

(2) 事業の総合化とホクレン事業方式の確立

■稲作地帯を基盤とした事業展開

戦時統制のもとで、1943年には道農会、北聯、牛羊畜産組合聯合会が統合して北海道農業会(北農)となる。酪聯(北海道製酪販売組合連合会)は一部の機能を北聯に移し興農公社(戦後の雪印乳業)に移行していった。農会と牛羊畜聯は14支庁全てに支部を、北聯は8支所をもっていたが、1945年に合併支部に統合され、職員数2434名の巨大組織となる(町村農会技術員904名を含む)。

戦後、北農が解散され、連合会は戦前の総合連合会から各事業連として1948年に分立することになる。現在のホクレンは1954年に北購連と北販連が合併して誕生する(坂下・田渕[1995]、田渕[1998])。農協は設立後に経営危機に直面するが、県連合会では一般的に大量の不良在庫と未収金を抱えた購買連合会の経営が深刻であった。その再建は長引き、1951年の再建整備法に加え、1953年に連合会整備促進法が制定され、連合会優位の事業体制(法律名をとって整促体制)が確立した。これにより本来農協と組合員の取引関係を示す原則（予約注文・無条件委託・全利用・計画取引・共同計算・原価主義・現金決済）が整促7原則として農協と連合会との取引関係のルールとされるのである。Ⅰ－1で述べた2005年の経済改革チームの論点整理で指摘された整促体制批判は、50年間もこの系統事業方式を放置してきた反省なしに行われているのである。

話を戻すと、全国的傾向とは異なり、北海道では北販連の経営危機が深刻であったが、その背景には農産物の統制撤廃の際に呼びかけた共販運動が不調に終わり、しかも北農から引き継いだ加工施設の不振が重なっていたのである。この危機は北海道からの融資と信連・中金の利息緩和で凌いだと言われ、整促法以前に再建が終了していた。販連と購連の合併によって生まれたホクレンは販連的性格が強く、「整促体制」による安全運転により堅実経営を目指すのではなく、事業資金は自ら調達して大胆な事業拡大に向かっていくのである。かなり遅れて誕生した全農が全購連的性格を濃厚にもつのとは対照的である。

とはいえ、1950年代後半から1960年代にかけては空知・上川の水田＝稲作地帯の経営的優位性ははっきりしており、ブロック連合会としてのホクレンは水田地帯の収益をもとに経営の展開を図っていた。畑作・酪農は稲作地帯の庇を借りるという状態にあった。ここでは、全国的な農協の事業方式である米肥事業型の展開が見られたのである。この稲作を基盤としてホクレンは畑作・酪農へと事業基盤を拡大していくのであるが、その際重要であったのは農協系統体質改善運動である。

■生産連の解消とホクレンの領域拡大

すでに述べたように、北海道には「生産事業」を行う12の地区生産連とその連合会である北生連があり、経済事業においても北生連─地区連─単協の系列が存在していた。特に地区連は畜産事業で優位性を発揮し、初期の生乳共販運動ではホクレンと対等の実力を示していた。体質改善運動は初期には地区を重視した運動が展開された。しかし、この運動は経営合理化をも目標としていたことから経営不振が相次いだ地区連はホクレンに大部分もしくは一部の事業を移管することになる。１９６６年にホクレンが酪農の不足払い法の指定団体になった点も大きく、生乳事業を握ったことの意義は大きい。これにより、ホクレン事業は水稲をベースとしつつ、１９５７年の製糖工場の操業により畑作を重視しつつあった農産部門に加え、酪農部門を中心とする畜産部門をもカバーする存在となるのである。

表７は１９６０年代のホクレンの取扱品目の急速な変化を

表７　ホクレンの経済事業における品目の変化（1960年代）

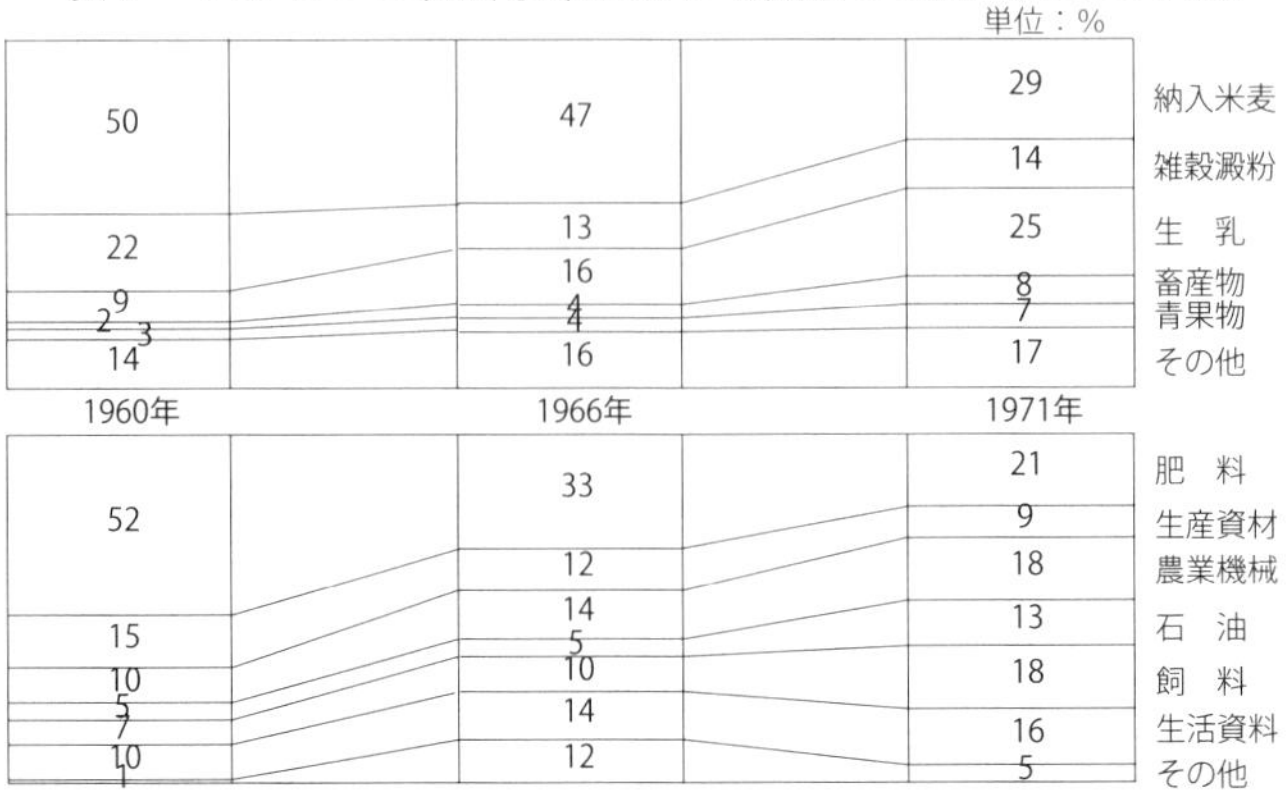

注：『ホクレン経営白書』1973年による。

示しているが、販売事業では50％を占めていた米が縮小し、生乳・畜産物が33％を占め逆転している。購買事業でも50％を超えていた肥料が急速に縮小し、飼料（18％）、農業機械（18％）が増加し、生活事業である生活資料（16％）、石油（13％）が伸びて多様化が進展している。ちなみに、Ａコープチェーンは全国に先駆けて１９６９年に発足している。

■ホクレン経済白書と経営改革

以上の事業構造の大きな変化を受けて、１９７０年代前半にはホクレンは事業体制の総点検と中期計画を打ち出す（ホクレン［１９７７］１３７～１４０頁）。１９７３年の「経営白書」と76年の中期計画である。経済団体が総点検を白書としてまとめることは異例であるが、先の「体質改善」という言葉を含め、当時の大胆な事業改革への意気込みを示していると言えよう。その内容は多岐にわたるが、第一に経営目標を補完機能の強化と「付加価値経営」に置くとされ、後者は従来の加工事業重視に留まらず、生活関連、地域開発部門へと新規事業の拡大を意図していた。こうした多角化に伴い、１９６８年に畜産部門で導入した事業本部制を一般化し、思い切った縦割り制を導入しており、経営の効率化を図ることが意図されている。また、問題とされていた労使関係の改善も進み、近代的・合理的な経営へと衣替えが行われたと言えよう。その後は、外部環境の変化により事業のウェイトの変化はあったものの、事業の基本的な枠組みに変化はなかったと言えよう。

（3）道内完結2段と川下戦略

第三の転機となったのは言うまでもなく、系統再編（組織整備）の中での道内完結2段の選択である（藤田他［2011］）。1991年には全国的には県連中抜き2段制を基本とした再編の方向が示されるが、北海道では独自の選択をホクレンが主導して決定している。現在、存続している8経済連のうち、当初から全農に対する「独立宣言」を明確に行ったのはホクレンのみである。これに伴い、全農との調整が行われ、施設の移管と新規投資が行われた。これに先立ち1990年には東京にマーケティング本部が設立され、1998年には販売統括本部（2003年に販売本部）に強化され、生産と直結した消費地での販売拠点が形成されている。このなかで、ホクレン丸による生乳の大量輸送体制、米や園芸部門での移出拡大、あるいは実需向け販売の強化など積極的な全国向けの移出体制が構築されている。

現在進められようとしている2015年の改革プランは、この延長線上にあり、改めて販売・購買・営農指導を三位一体とする事業運営が強調されており、特に営農支援の強化が注目されるのである。

3　ホクレン園芸事業の拡充と企画提案型販売

ホクレンの販売事業のなかでも、青果物は注目される部門である。この20年ほどの取扱高の変化を一瞥しても、1992年が1437億円、2003年が1655億円、2009年が1702億円、2

013年が1816億円と増加を維持していることがわかる。ここでは、この成長部門に即して事業改革の歩みを検証してみよう。

（1）ホクレンによる野菜移出の動向

まず、園芸部門の近年の動向を分析するのに先立ち、北海道の野菜販売の動向を規定する都府県向けの移出野菜の動向を予めスケッチしておこう。使用データは1979年以降毎年発行されている『北海道野菜地図』の品目別移出野菜出荷量である。

まず、長期的にホクレンの移出野菜の構成の変化を示したのが**図6**である。移出量全体では1980年代初頭の60万トンを下回る水準から急速な伸びをみせ、1980年代末には70万トン、1990年代に入ると80万トンを超える水準になり、ピークの1998年には100万トンを伺う98万トンとなっている。しかし、その後は80万トンから

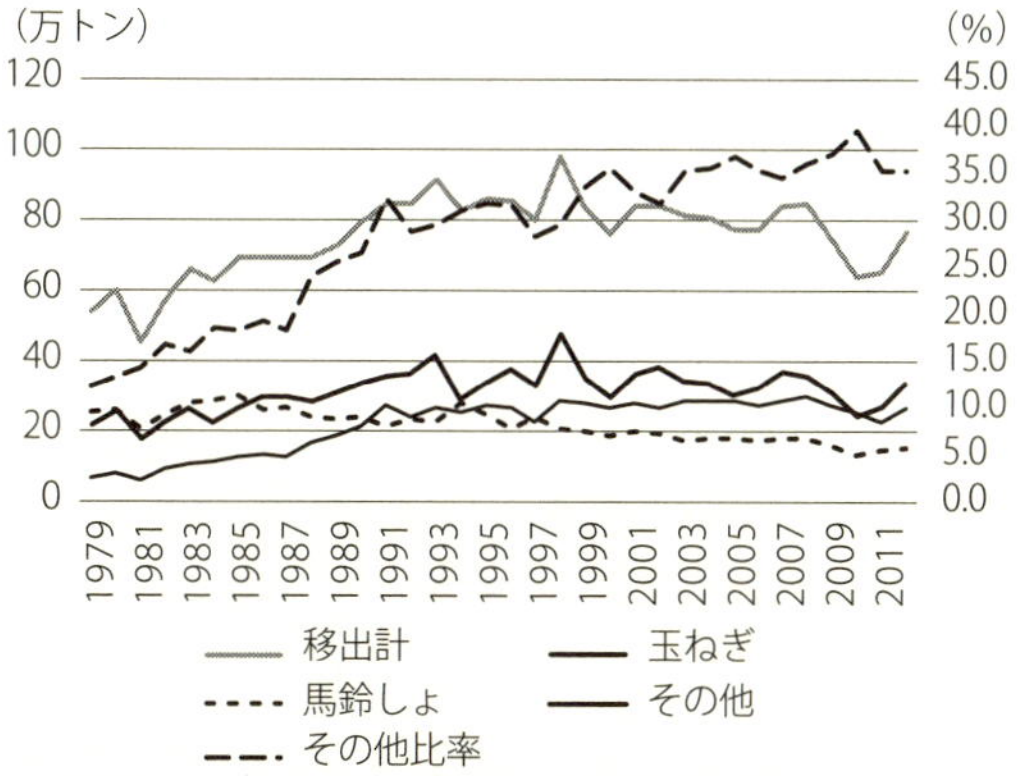

図6　ホクレンの移出野菜の構成の変化

注：『北海道野菜地図』北農中央会・ホクレン、各年次により作成。

70万トンへと減少をみせ、２０１０年を過ぎると60万トン台の年が現れてくる。このように、およそ30年間で急速な伸長により大きな山を形成するが、その後は減少をたどっているのである。品目的には、よく知られているように主要品目は「イモタマ」（馬鈴しょ・玉ねぎ）である。図ではイモタマ以外の比率も示している。１９８０年代初頭のイモタマ比率は90％近くを占め、１９９０年代には70％台、２０００年代には60％台を示す。ただし、減少を見せるのは馬鈴しょであり、当初の50％近くが現在では20％にまで減少している。絶対数を見ても、１９８０年台半ばには30万トンを示すが、現在では15万トンまで半減している。これに対し、玉ねぎはほぼコンスタントに40％をキープしており、数量でも当初の20万トンからピークの１９９８年には瞬間値で48万トンを記録し、以降は30万トン台で推移しているのである。

比率としては、馬鈴しょの比率低下をカバーするようにイモタマ以外の野菜の割合が上昇しており、当初は10％だったものが、１９８０年台後半に急速に伸びを見せて、１９９０年代初頭には30％を示し、現在では30％台後半を占めている。

その内訳を１９９５年以降についてみると、代表的なだいこん、にんじんはそれぞれ8万トン弱から6万トンへ、7万トン弱から5万トンへと減少しており、馬鈴しょと同様な傾向を示している。イモタマ以外の野菜での比率も30％から20％へと低下させている。キャベツについても同様である。これに対し、かぼちゃについては3万トン台をキープしており、割合も15％程度の上昇を見せている。果菜類についてはメロンが停滞ないしやや減少気味であるが、トマト、ブロッコリーは増加傾向にあり、特にトマトの増加は著しく、イモタマ以外の野菜の10％を占めるようになっている。このように、従来の重量野菜から単価の高い軽量高級野菜への移行がはっきりと現れているのである。

（2）園芸部の業務体制の改革

こうしたホクレンにおける従来型のイモタマ販売からの多様化、さらには近年の取引先業態の変化を受けて、ホクレンの

表８　ホクレンにおける野菜の組織・事業の変化

年次	組織機構	事業
1978	道外支店の青果担当職員が全農へ全員出向	全農野菜自主需給調整事業の実施
1984		野菜道外出荷指標
1986		集団産地事業（リレー出荷）構想
1987	本所に野菜課・馬鈴しょ・玉ねぎ課、道外支店等に青果販売担当部署	全農から分荷権の移行
1988		全道リレー出荷（大根・ホウレンソウ・長ネギ） 野菜標準全道統一規格
1990	［マーケティング本部（東京）］	野菜道外出荷指標（道、中央会、畑対など）
1991	［道内事業２段階制決定］、野菜流通対策室	ルート販売（契約取引）、一次加工体制の検討
1992	石狩野菜センター	出荷規格の統一・簡素化
1993	［管理本部に直販部、マーケティング本部に販売企画課］	
1994		フードプラン本格事業へ
1995	市場販売課、実需販売課へ改組	フードプラン事業1,000トンへ
1996	［M本部販売開発室、外食・メーカー室］	
1997		３経済連と連携しリレー出荷
1998	［事業本部制の導入］	部門横断的販売、業態別販売の強化
2001	販売本部（東京）に園芸販売室を設置	食品メーカー、生協、量販店との取引強化
2004	関東野菜センター（パッケイジング）	左による大手コンビニ、惣菜、食品メーカーへの販売強化
2007	札幌野菜センター（パッケイジング）	
2010	種苗園芸部、園芸販売室（東京）ともに園芸開発課を設置	
2013		園芸開発課（東京）傘下にCA施設（茨城県）

注：小林［2013］およびホクレン種苗園芸部での聞き取りにより作成。

園芸部門の業務体制もこの間大きく変化を見せている。

表8は野菜生産が本格化した1970年代末からの園芸（野菜）に関わるホクレンの動向を示したものである。1978年には道外支店の青果担当者が全農に出向、全農による自主需給調整事業が開始される。この間、1984年には道外出荷指標が策定され、1986年には集団産地事業（リレー出荷）が構想され、1988年から開始されている。

全農の需給調整事業が破綻したことから、1987年には分荷権がホクレンに戻り、本所に馬鈴しょ・玉ねぎ課と野菜（果実）課が置かれ、道外4支店と仙台営業所に担当課（職員）が置かれている。その際、道内外を統合した総合情報システムの構築と関連部門、ホクレン系列店等と連動した実需向け販売（加工量販店向け販売、無店舗販売等）の強化が示されている。

野菜移出の体制が強化されたのは東京にマーケティング本部が設置された1990年であり、さらに1991年には道内完結2段階制が決定されたため、「園芸事業の拡大のため、販売力の強化ならびに顧客の確保を行う。このため、消費地の販売要員の増員、園芸事業総合システムの構築を行う」とされている（藤田他［2011］、44頁）。ただし、1987年段階で基本的な販売体制は単協―ホクレン完結となっており、道外卸売市場の販売代金精算も1994年に直接精算となっている。むしろ、これがひとつの契機となって、流通対策室の設置、出荷規格の統一・簡素化など意欲的な事業方針が見られるようになったと考えるべきであろう。1992年には石狩野菜センターが設置されてスーパー等へのカット野菜供給が行われ、また、コープこうべとのフードプランも本格化されている。

1995年からは、園芸部の業務体制が再編されて市場販売課と実需販売課という区分になり、後者が明確に位置付けられている。1998年には事業本部制が導入されたことに伴い、東京のマーケティング本部が販売統括本部とされ、部門横断的販売、業態別販売が強化される。そして、2001年には販売統括本部と東京支所が統合されて販売本部が新たに設置される。これはプロダクトアウトからマーケットインへの切り替えを目指した消費地東京で意思決定できる体制の構築であった（小林［2013］73頁）。これにより、業務体制は、本所園芸部に園芸流通課と市場販売課が置かれ、前者が道内実需販売、後者が道内と東京を除く道外の市場販売を担当する。販売本部には園芸販売室と青果課を配置し、前者が道外実需販売、後者が東京都の市場販売を担うという体制となった。

この体制を基礎に2010年以降は、単協に分荷権がある野菜果実花き課（取扱高およそ900億円）、貯蔵を伴う計画出荷・共計主体の玉ねぎ馬鈴しょ課（同およそ600億円）、これに戦略部門である園芸開発課を加えた3課制となっている。

（3）園芸開発課と企画提案型販売

園芸開発課は道内9支所の他に、東京の販売本部に同名の園芸開発課（10名）があり、その他大阪（2名）、福岡（1名）に専任者を配置し、「園芸開発チーム」として業務推進を行っている。取扱品目は全青果物であり、重点ユーザーを担当している。実需流通・契約販売（買い取り方式）が主流であり、加工施設を活用した小袋加工品などの販売がメインとなっている。生協・量販店との直取引を通じて、顧客の潜在ニーズを掘り起こすＭＤ企画提案・商品開発を行っているのである。

主な取引先は、生協および量販店であり、２０１３年の取扱実績は概略で東京が30億円台、札幌が20億円台、大阪が10億円台などであり、取扱総額はおよそ80～90億円である。このうち生協では、コープさっぽろとの取扱が最も多く、ついで首都圏のＵコープ、関西のコープこうべなどとなっている。

こうした拠点での契約取引のためのセンターが札幌野菜センター（開設２００７年）、東京の野菜センター（同２００４年）であるが、ここでは長期保存のためのＣＡ貯蔵庫（炭酸ガス注入による長期保存が可能）が設置されている。また、協力会社によるパッキングセンターが西日本に3ヶ所、ＣＡ貯蔵庫が2ヶ所あり、補完している。札幌野菜センターを例にみると、施設は道央圏Ａコープ・ホクレンショップの配送センター（札幌生鮮食品センター）に併設されており、旧石狩カットセンターに設置しているＣＡ貯蔵（１４００トン）・冷蔵施設（１７００トン）を利用した道産野菜・果実のパッケージ製造を行っている。業態では店舗や共同購入、ギフトを含んでいる。原料はダンボールや鉄骨コンテナで石狩倉庫に搬入され、そこで貯蔵・選荷された後、野菜センターに送られる。基本的には農協からの集荷であり、全て買取形態をとっている。札幌センターでの販売は、やや増加傾向にあり、相手先は生協、Ａコープ、スーパーであるが、コープさっぽろが圧倒的であり、3分の2を占めている。これはコープさっぽろが実施しているMD研究会にホクレンが早い段階から参加してきた積極的取組みの成果である（近藤［2010］）。

企画提案型販売の代表例がCA貯蔵による「よくねた」シリーズであり、2013年実績では、馬鈴しょが最も多く、玉ねぎが続き、これににんじんや千両梨などが加わり、年間3000トン、6億円規模となっている。その他に、国産カボチャの端境期である11月から1月にかけて「冬至に美味しい」というキャッチコピーでホクレン農業総合研究所が開発した「りょうおもい」、辛味が少なく特別栽培の白い玉ねぎ「真白（ましろ）」、森の間伐材由来の木炭を土壌改良材にしたカーボンオフセットの玉ねぎ「環（めぐる）」などの商品が開発されている。

4　信用事業の北海道的展開とクミカン

（1）規模拡大の進展と投資資金の確保

北海道における農業金融は内国植民地的な性格、すなわち農地の開発と商業的農業の展開に規定されて発達をみてきた（坂下［1991a］）。その第一が規模拡大に対応した投資資金の確保である。農産物が全面的な過剰基調に転ずる1985年以前においては農地面積は一貫して増加傾向を示しており、逆に農家戸数は1960年以降一貫した減少傾向を示すから、農家の規模拡大は開発による部分と離農跡地集積による部分をプラスしたものであった。農地の権利移動は売買が基本であったが、農地価格は農地開発や土地改良事業費負担分を上乗せされた水準にあった。これに関わる資金対応では農林公庫による政策資金が大半をカバーしたが、多くを占める北海道庁や土地改良区への償還は農協を通じて行われてきた。この土台の上に、規模拡大を行った農家は施設投資や農業機械投資を行ったが、これに対する融資の一部は農地とのセット融資（総合施設資金）として行われ、また多くは中期資金として利子補給を受けた農協原資の低利資金が活用された。この制度資金を中心とする中長期資金の融資に際しては、信連を含む農協がその審査に関与し、つなぎ資金の貸与も行っていた。機械・施設の導入は農協の資材購買事業と結合されていたことは言うまでもない。

（2）経営形態別の農協資金の流れ

このように、北海道においては規模拡大のための投資に伴う融資が多額に上っていたが、経営形態別にみた農家資金の流れは大きな相違を見せていた。それを模式的に示したのが、**図7**であり、1985年以前の状況を表している。矢印は主要な流れを示しており、組合員からの矢印は貯金を、さらに信連に向かう矢印は預け金を示す。また、信連・農林公庫からの矢印は借入金を、さらに組合員への矢印は貸付金を示している。全

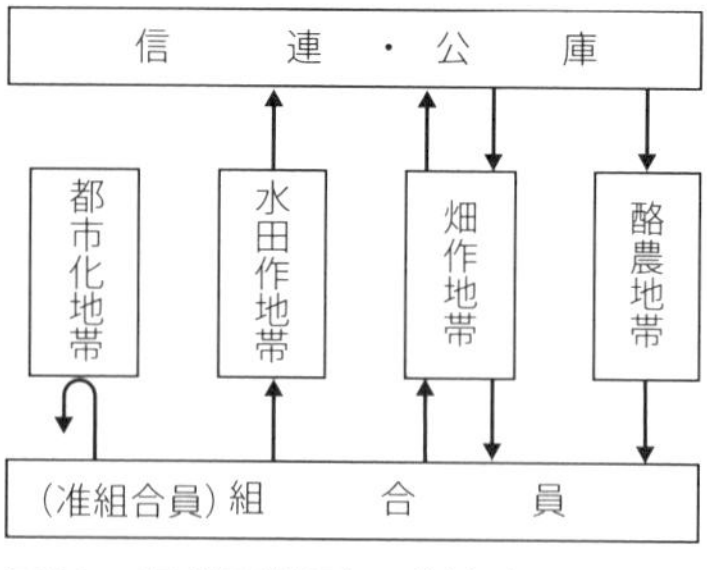

図7　経営形態別の農協資金の流れ

注：1）筆者作成。
2）↓は借入金・貸付金を示し、↑は貯金・預け金を示す。

道での平均的な姿は畑作地帯に重なっており、低利資金が借入されるとともに、貯金が預け金として運用されている。これを「すれ違い金融」と呼ぶ。投資には低利資金を利用する一方で、剰余は定期貯金として積まれているのである。これに対し、酪農地帯においては、まだまだ負債が多く、農協を通じた農家の資金の流れは上から下への流れ、借入金＝貸付金となっている。逆に、水田地帯では投資が一巡しており、組合員の貯金が信連への預け金となる下から上への動きとなっている。水田地帯の延長線上にあるのが都市化地帯であり、組合員からの貯金を原資に准組合員を含む組合員へ貸出金として自己運用している。

１９８５年以降は、こうした極端な地帯差は失われているが、水田地帯では高齢化の進展とともに投資意欲は減退気味であり、酪農地帯ではフリーストール・ミルキングパーラー方式の導入による規模拡大の進展が見られている。畑作地帯が北海道の農業金融の姿の平均像を示していることには変わりがないと言えよう。水田地帯や都市化地帯の姿が内地の現在の農協信用事業を示しているとすると、北海道の農協信用事業はまだまだ農業融資を基幹としているのである。

（３）営農資金の増加とクミカン

北海道の農業金融の特徴の第二は、商業的農業の展開に沿った営農資金の確保に対応してきたということである。戦前の北海道の農家はまさに「移民」であり、自給性の低い商品生産者として現れた。

そのため営農資金額もまとまったものが必要となり、これに対応した商業資本による「仕込み支配」が形成されていた。この時期には農家の流動性も高かったから、一定のリスクを前提とした高利貸し金融以外の存在は考えられなかった。これが大きく転換したのが1930年代の昭和恐慌期であり、農家も定着化傾向を示す中で農村組織化政策としての産業組合育成策が採られ、農協の総合事業体制の中に「仕込み」形態が取り込まれる。農家経営における投入と産出を購買・販売事業として把握することで、現物供与・現物回収が行われ、産業組合自体の運転資金を節約し、農家の利息負担を低利に設定することができたのである。これが、北海道で特有のクミカン（組合員勘定制度）の原型であり、戦後の農業手形制度を経て1961年から全道的に普及を見ることになる（田渕他［1995］）。もちろん、出来秋の農産物を担保とするという高いリスクがあり、農業共済制度も稲作中心であったから、個々の農家の経営管理の徹底が必須であり、強力な営農指導体制を確立することが強調されたのである。現在においてもクミカンはほとんどの農協で存続

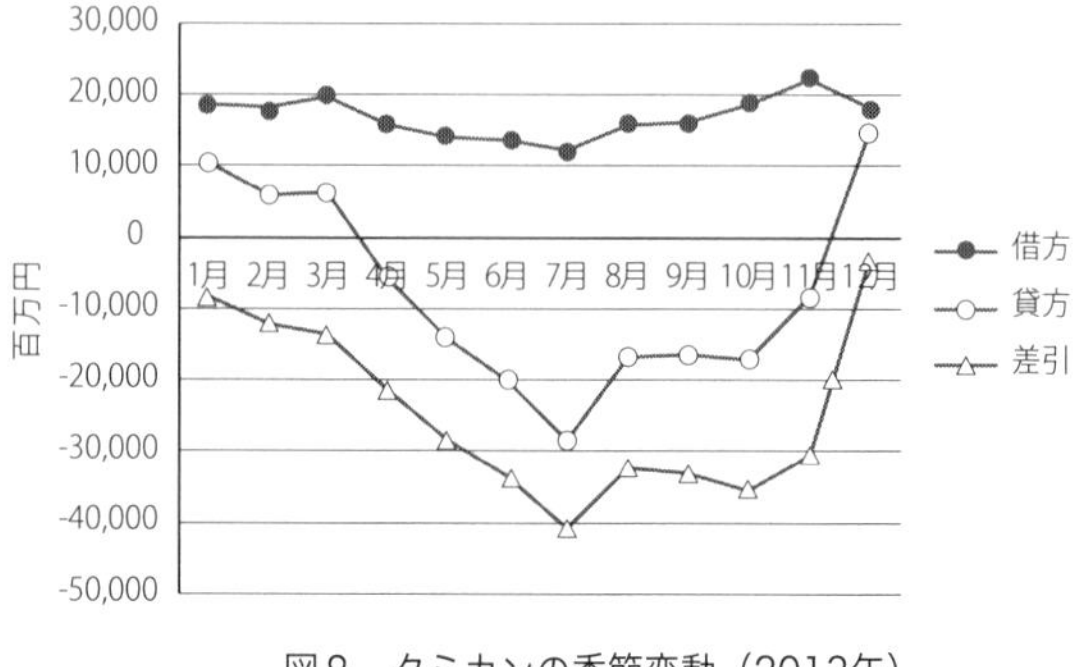

図8　クミカンの季節変動（2013年）

注：北海道信連資料により作成。

しており、北海道の農協の短期金融の特徴とされている（坂下他［２００９］）。

クミカン（**図８**）とそれに対応する信連の当座性資金の季節変動（**図９**）を示したが、クミカンの借方の残高の最高月は７月の４０７億円であり、平均残高は２４４億円の水準を保っている。かつては、クミカンの季節変動に対応した信連の当座性貸付は重要な役割を持っていたが、現在では農協による資金の自賄い化が進んでいる。とはいえ、信連の当座性貸付には大きな季節変動があり（ピークは８月の１６２７億円）、農業的要素を依然として色濃く残している。

（４）ＡＢＬの展開と農協クミカン制度の先進性

クミカンに関しては、農家の負債問題との関係でその運用上の問題がしばしば指摘されてきた。問題の発生の根底には、その運用にあたっては営農指導との一体性が不可欠であるという原則に対する逸脱があると考えられる。クミカンのような動産担保金融は、他

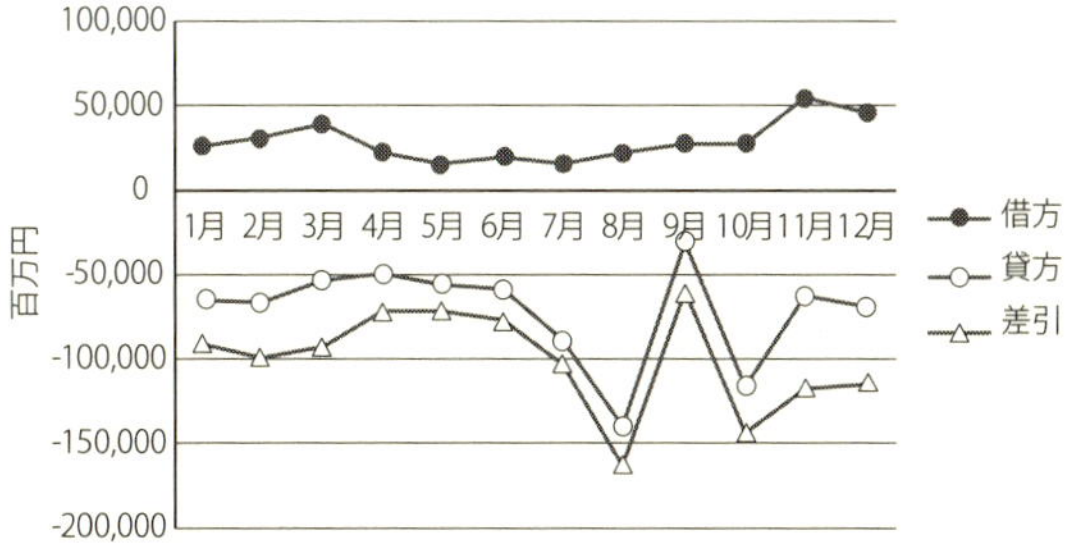

図９　信連の当座性貸付・貯金の季節変動（2013年）

注：北海道信連資料により作成。

業態においても注目を集めており、クミカンの先進性を確認しておく必要がある。

その融資形態とはＡＢＬ（動産担保金融）である。これはアメリカで発達した金融方式であり、棚卸資産や売掛債権などを担保とすることで従来の不動産担保や個人保証によらずに融資枠の拡大をはかる制度である。融資先である中小企業を活性化させることで金融機関そのものの経営強化を図っていくという「リレーションシップバンキング」（地域密着型金融）と合わせて推進されているものである。貸付先と密着し、その営業強化のためのコンサルティング機能を強化することで、地域企業と地域金融機関との共存をはかろうとするものである。これらは、農業部門でも実行されつつあるが、クミカンをまさに農協型リレーションシップバンキングと位置づけ、営農指導事業の枠組みの中で捉え直し、制度の優位性と運用の高度化を図っていくことが、対外的なアピールにもつながると考えられる（坂下［２００８］）。

V　営農・生活事業を両輪とする北海道型総合農協へ

ここまでは、営農を中心とした北海道の農協の姿を描いてきた。それは、まさに農業を産業とする職能組合、「産業組合」に他ならない。北海道は、第二次大戦前においてこの産業組合として頭角を現し、東の福岡、西の長野に追いつき、高度成長後も全国を代表するＮＨＫ（野菜の長野、加工の北海道、畜産の鹿児島）の一角を構成してきた。

しかし、１９８５年を折り返し点として農産物は過剰局面に入り、農地の外延的拡大が一巡するとともに地価も下落するようになる。倒産離農は減少したが、高齢化によるリタイアーが増加を見せている。一面では安倍流の成長路線に乗っかる志向は続いているが、大方はより安定を求め集約化や多角化を志向し始めている。農業外からの新移住者の存在もそれを後押ししている。地域の存続や豊かな生活を重視する傾向が強まり、厳しい中とはいえ植民地からの脱皮が進みつつあるようにみえる。そうであるなら、農協も従来の事業体制に生活分野を加え、一回り大きな北海道型総合農協へとさらなる展開を図らなければならない。

ここでは、まず、農協改革でひとつの論点となった准組合員の特徴を取り上げる。北海道での准組合員比率が日本一であることが独り歩きしているが、むしろ組合員の多様化への対応はこれからであることを示す。続いて、広大な生活空間を持つ中で、農協が生活インフラの形成に対し、どのような関与を行ってきたかを明らかにする。そして、地域や生活を重視する上で重要な担い手であると目される女性部、青年部の現状と課題を明らかにする。そして最後に、政策のめざす「地域農協」に対し、営農・生活事業を両輪とする北海道型総合農協を対置し、社会的多数者として准組合員や消費者と連携していく必要性を示す。

1　北海道における准組合員の性格と事業利用

農協法改正の議論の中で准組合員問題はひとつの大きな論点になり、農協側は農村社会への貢献を論拠に准組合員利用規制に反対し、5年間の調査期間が設けられることになった。このなかで、北海道は准組合員比率が80％であるという数字が独り歩きして注目されているが、まずはその位置づけと実態を明らかにする必要があろう。

（1）准組合員制度と員外利用

■准組合員制度と韓国・台湾での位置づけ

準組合員制度は、原始農協法（1947年）の制定過程の中で正組合員が農家に限定されたことから、その前身である産業組合や農業会に加入していた地域住民の組合利用確保のために便宜的に設けたものであり、逆に彼らを農協の管理運営から排除することが重要であった。

明田［2010］は次のように述べている。「農業協同組合の前身ともいうべき農業会や産業組合が、農村における主要な経済機関として農民のみならず農村の住民の経済生活に深い関係を有していたという歴史的実情や、農業協同組合法制定当時の農村の実情に照らして考えたときに、勤労農民以外の住民に対し農業協同組合の行う事業を利用する途を閉ざしてしまうのは適当ではないという現実と、農業協同組合法の立法理念である非農民的支配の排除の原理との妥協の産物として採用されたものであると考えるべきであろう」（248頁）。

欧米には類似組織は少ないが、日本の影響を受けて農協が発達している韓国と台湾にはそれぞれ準組合員と賛助会員の制度があり、ともに管理運営には参加できない。韓国の準組合員は組合員の外付け的存在であり、出資金は無いが加入金の支払い義務がある。正組合員206万人に対し、1080万人と国民のおよそ5人に1人が準組合員であり、地域社会の発展に寄与するという積極的な意義付けが与えられている（多木［2011］）。他方、台湾の農会は1974年に出資金制度が廃止され、総幹事（ゼネラルマネージャー）に経営が任されている点で運営体制は異なるが、農家などが会員であるのに対し、地域住民を賛助会員としている。正組合員100万人に対し、賛助会員81万人である。これは解放後の農地改革との関連があり、日本の事情と近似している。ただし、1970年代半ばまでは賛助会員の方が正会員より貯金額が大きいという特徴があった（梁他［2010］）。いずれにしても、両国とも利用制限の規制という発想は全くなく、むしろ準組合員・賛助会員を積極的に位置づけている。

■員外利用との関係

准組合員は組合員であるから利用規制はこれまで当然無いこととされてきた。これに対し、員外利用も一定の範囲で認められてきた（明田［2010］137頁）。一般的には組合員の事業利用分量の20％以内となっているが、貸付金・貯金などでは25％、医療などの公共性の高い事業は100％となっている。組合員の家族などの農協利用を一定の事業に限り員外利用から外す「みなし組合員」の規定もある（1954年改正）。組合員となれない地域住民の農協利用を可能にするものとして准組合員制度があるのであるから、員外利用を敢えて認める必要があるかは疑問であるが、法制定時にGHQは准組合員制度を主張し、農林省は柔軟性が高いということで員外利用を主張したという（小倉［1961］）。員外利用については、各国の協同組合法でも是認されているが（明田［2010］165頁）、韓国においては事業分量の50％以内となっており制限は弱い（多木［2011］）。

員外利用規制の厳格化については、2002年の総合規制改革会議第2次答申が今回の農協改革の原点になるような職能組合論を展開し、そこからの逸脱した場合の規制強化が打ち出された。農協側では員外利用ガイドラインを策定し、その是正が行われた。職能組合論から言えば、員外利用と准組合員制度は双子の存在ともいえ、ストーリーはすでにでき上がっていたといえる。

（2）准組合員の増大とその出自と地理的分布

■准組合員の増大とその出自

北海道の准組合員問題を考える場合、准組合員の性格がどのようなもので、府県とはどう違うのかを確認しておく必要がある。**図10**は1970年から5年刻みで組合員数と准組合員比率（以下、准組比率と略）の動きを示したものである。この30数年間で正組合員は16万人から7万人に半減し、逆に准組合員は3万人から28万人へ10倍近く伸びている。両者がクロスしているのは1985年～90年であり、全国の2010年での逆転と比較して極めて早い。これは言うまでもなく、正組合員の減少によるところが大きい。准組合員の伸びは1985年から95年が大きく、年率10％位となる。その後は1～2％の増加とテンポは弱まるが、准組比率は199

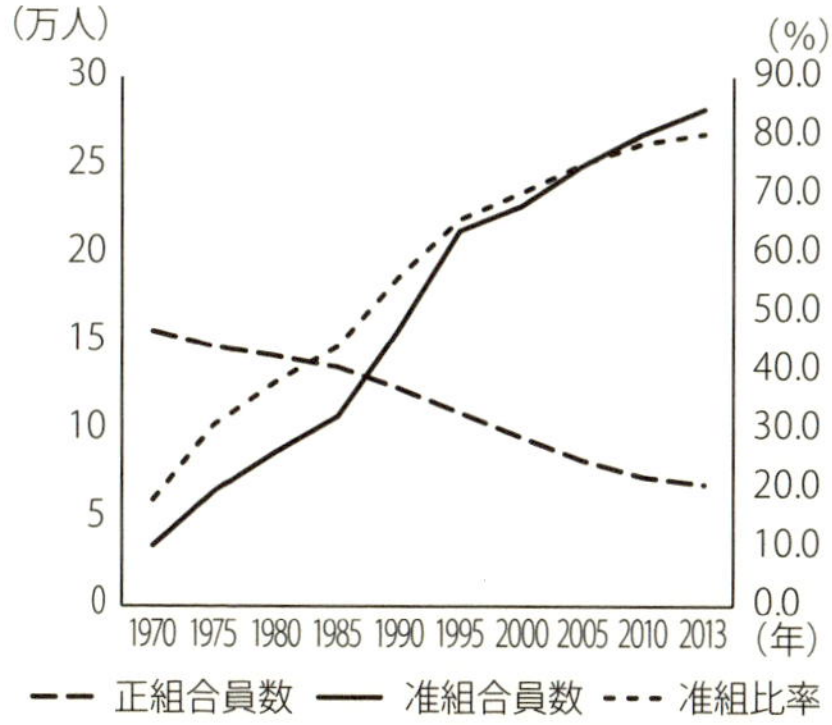

図10　組合員数の推移と准組合員割合

資料：『農協要覧』及び『JA 要覧』により作成。

0年の55・8％が2013年には80・3％に至っている。

この間の正組合員の減少・離農は大きかったが、離農した農家が資格変更により准組合員となるケースも考えられる。転出してしまえば准組合員になることはないので、離農者の在村、離村状況を**図11**に示した。北海道の離農は「挙家離農」と呼ばれ、転出型の離農が一般的で、在地での離農は近年の傾向のように言われてきた。しかし、離村が在村を上回るのは1970年までであり、特に地価が下落に転じる1985年以降は在村離農が圧倒的である。離農時には在村していてその後に離村というケースもあるであろうが、1970年代の動向には注意を要する。とは言っても、1980年からデータが取れる1999年までの在村離農者の総数は1万9000人に過ぎず、その後2012年までの離農者総数1万2000人を加えても3万余りに過ぎない。したがって、正組合員から准組合員への移行の割合はさほど高いとはいえないことも事実である。

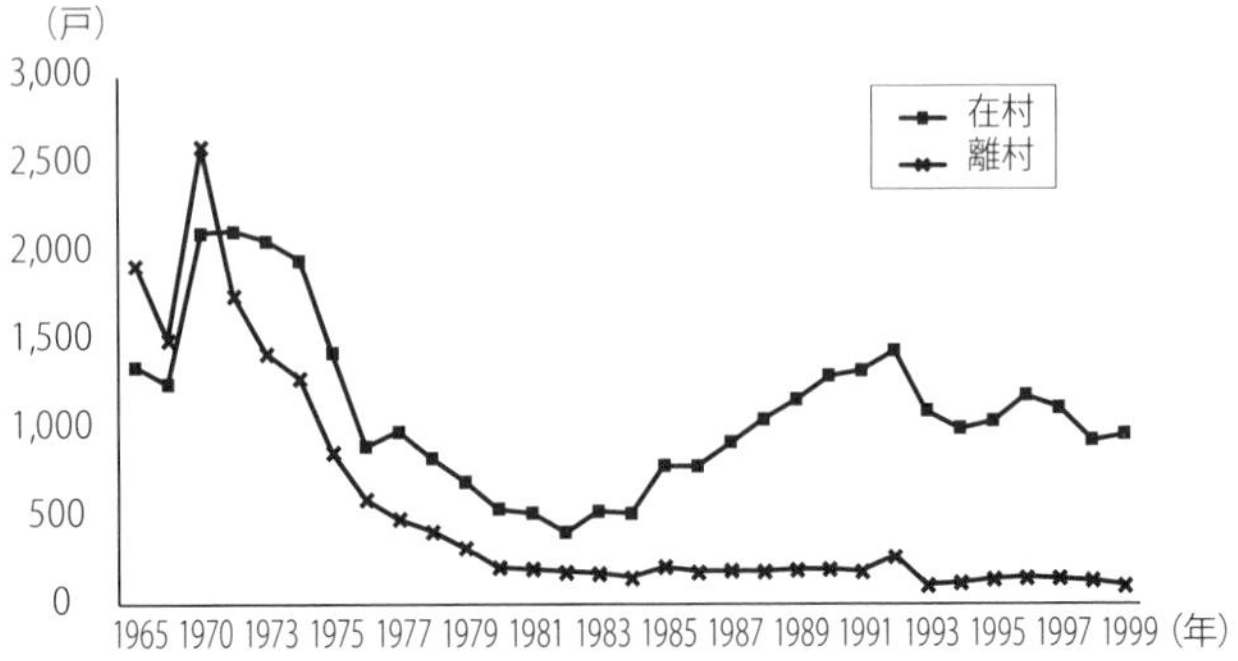

図11　離農後の居住地（北海道）

資料：北海道農業会議『本道における離農転職の動向』などより作成。

■准組合員の地理的分布

そこで、組合員数と准組合員比率の相関を示したのが、**図12**である。農協の組合員というと北海道では正組合員戸数を思い浮かべるが、総組合員数をみるといつもと違った農協の分布が現れる。第一が右上に位置する組合員数1万人以上の「大規模農協」であり、具体的にはあさひかわ、さっぽろ、道央、いわみざわ、新はこだて、ふらの、帯広かわにしの7農協である。ともに都市部を含んだ広域農協である。准組合比率は北海道平均の80・3%を上回っており、この准組合員の合計は、北海道全体のそれの39・1%に当たる。第二が右下に位置する准組比率が平均以上の「中小規模農協」であり、27農協からなる。中には地方都市を含むものもあるが、漁村部を含むものが多い。オホーツク地方が6農協、宗谷地方が4農協、釧路地方が3農協ある。このグ

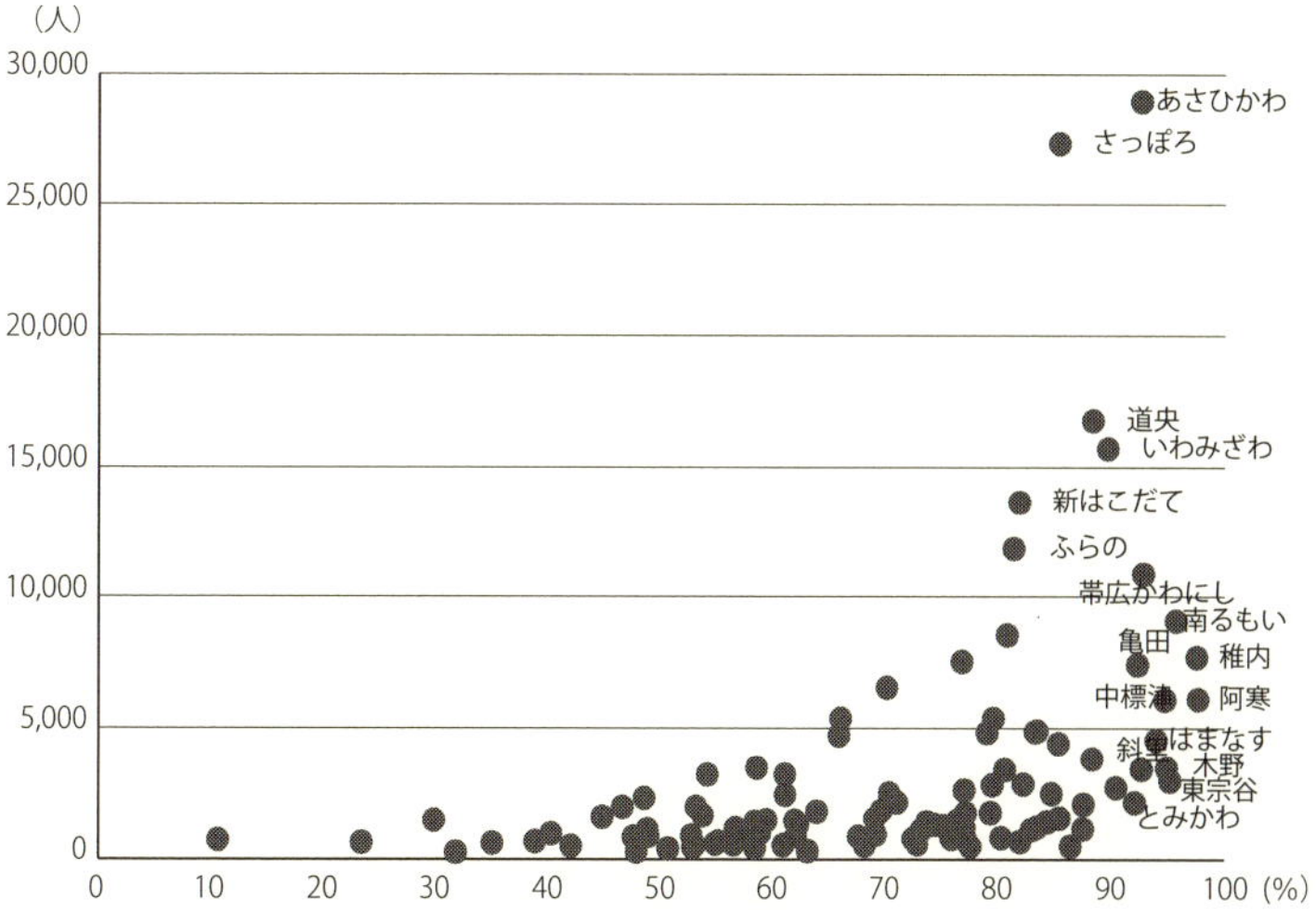

図12　組合員数と准組合員比率による農協の分布（2014年）

注：『JA要覧』北海道農協中央会により作成。

ループの農協の准組合員数は全体の32・4％である。そして、第三が左下に位置する准組比率が低い「小規模農協」である。その数は75農協であり、70％近くを占める。このグループの平均准組比率は65・1％であり、全国の55・0％と大きくは変わらない。准組合員数は全体の28・5％であるが、正組合員数の割合では62・3％である。なお、准組比率が最も小さいのは10・6％の士幌町農協であり、この北海道でも有数の農協の考え方と対応は根強い職能組合の姿を示している。このように、准組合員の分布は多様であり、今後のあり方をめぐっても幾つかのメニューを用意する必要がある。

（3）准組合員化の契機と事業利用

■准組合員化の契機

准組合員問題についての系統的なアンケート調査は実施されていないが、以下では准組合員が増加を見せた1990年頃とその後の2000年代前半、そして直近の時点での調査を利用してその変化を見ることにする。

2004年の地域農業研究所［2005］による調査（回答91農協で複数回答）によれば、准組合員化の契機で最も多いのはローンなどの信用事業の利用（63農協・69％）であり、事業利用を契機とするものでは生活店舗（21農協・23％）、共済事業（19農協・21％）、ガソリンスタンド（12農協・13％）が続いている。これは、一般住民の加入理由を示しているが、離農などによる正組合員からの資格変更によるものも41農協・45%と比較的大きな数字となっている。

　これに対し、直近の２０１４年の北海道農協中央会の調査（回答94農協で複数回答）では、一般住民が事業利用をするためと答えた農協が85農協・90%、正組合員からの資格変更が同57農協・61%、正組合員の家族の加入が同21農協・22%となっている。また、農協側の要因では、員外利用率を低下させるが59農協・63%、事業推進のためが42農協・45%となっている。

　２００４年と２０１４年を比較すると、正組合員からの資格変更が増加傾向にあるようであり、高齢化による在村離農を反映したものと思われる。こうした動向はかなりの農協で准組合員の増加の要因として意識されているようであるが、准組合員増加への寄与率が高いかどうかは別問題である。全体としては、准組合員の増加は都市部で顕著であるからである。**図13**は、組合員規模において「大規模農協」であ

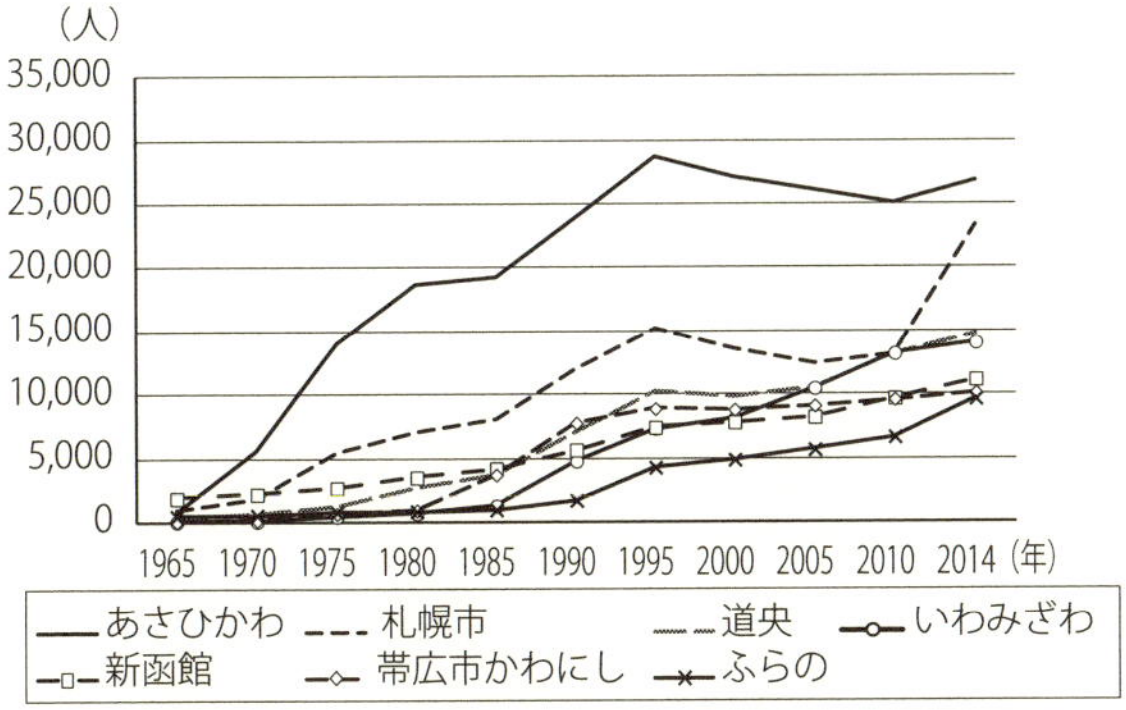

図13　「大規模農協」の准組合員数の推移

注：『農協要覧』、『JA要覧』より作成。

る上位7農協の准組合員数の長期動向を示したものである。急速な増加を見せたのは1985年から1995年の期間であり、7農協合計で1985年には4万人であったものが、この10年間で2倍の8万人となり、現在では11万人で、全体の40%近くを占めている。都市部を抱えた地域の農協への准組合員の集中が大きな特徴なのである。

■准組合員の事業的位置づけ

つぎに、准組合員が利用する農協事業の特徴について見てみよう（**表9**）。1989年の北海道農協中央会の調査（回答191農協）では、利用の多いものを3つ選択するものであるが、第一位は生活店舗が73農協・38%、貯金が54農協・28%、ローンが25農協・13%である。第二位は生活店舗が51農協・27%、ガソリンスタンドが49農協・26%、貯金が44農協・23%である。そして第三位は、共済が49農協・26%、ガソリンスタンドが41農協・22%、貯金が37農協・19%である。全体として、店舗利用が優位にあり、貯金、ガソリンスタンドと続き、共済は3位に顔を出している。1位を3点、2位を2点、3位を1点として累計

表9　准組合員利用の多い農協事業部門（農協アンケート結果）

単位：農協数、ポイント、%

	1989年（191農協）					2014年（94農協）				
	1位	2位	3位	合計	比率	1位	2位	3位	合計	比率
生活店舗	73	51		321	36.9	13	7	5	58	10.3
貯金	54	44	37	287	33.0	61	17	12	229	40.6
ガソリンスタンド		49	41	139	16.0	9	12	29	80	14.2
ローン	25			75	8.6	2	16	20	58	10.3
共済			49	49	5.6	9	39	21	126	22.3

注：1）『准組合員対応の強化について』北海道農協中央会、1990、および「准組合員に関する調査結果」北海道農協中央会、2014により作成。
2）合計は1位を3点、2位を2点、3位を1点として集計したもの。

すると、生活店舗が３２１点、貯金が２８７点、ガソリンスタンドが１３９点と続いている。

これに対して、先の２００４年の地域農研の調査では、すでに述べた准組合員化の契機としてローンの利用が69％と最も高く、生活店舗23％、共済21％、ガソリンスタンド13％と続いている。准組合員の位置づけとしては、総合的な事業利用者が27農協、信用事業の利用者が23農協、共済事業の利用者が14農協、店舗の利用者が14農協となっており、前期と比較すると生活店舗の位置づけの低下が顕著である。

直近の北海道農協中央会の２０１４年調査では、第一位は貯金が61農協・67％、生活店舗が13農協・14％であり、第二位は共済が39農協・43％、貯金が17農協・19％、ローンが16農協・18％、ガソリンスタンドが12農協・13％である。第三位はガソリンスタンドが29農協・32％、共済が21農協・23％、ローンが20農協・22％などである。先と同様に点数化すると、貯金（・定期積金）が２２９点、共済が１２６点と事業の中心を占めており、ガソリンスタンド80点、ローン58点、生活店舗58点と続いている。生活店舗は収益性の問題もあり、廃止やホクレンショップへの転換が進んでおり、ガソリンスタンドも縮小をみせている。こうしたことが准組合員の事業利用を金融部門に集中化させているのである。

■金融事業における准組合員利用の実績

では利用が集中している金融事業について、准組合員利用はどの程度あるのであろうか。

まず、貯金についてであるが、これはデータを入手していないので概数であるが、２０１３年の貯金の平均残高は3兆１２００億円であるが、員外利用は組合員利用の25％に規制されているため構成比では20％となる。正組合員の貯金割合を50％程度と見ると、残り30％程度が准組合員の比率となる。

一方、共済事業については、件数では員外利用が14％、准組合員の利用が28％であり、正組合員の利用が58％を占めている（**表10**）。これに対し、２０１４年について掛金ベースを見ると（２０１３年は特殊事情がある）、正組合員の割合は件数と比較すると51％と割合が低く、准組合員の利用割合が38％と高くなっている。員外利用については11％に留まっている（員外利用規制は組合員利用の20％）。

このように、北海道1本の数字で見ても、都府県とは比較にならないまでも准組合員の事業利用は高い水準にあり、規制改革会議などで議論されている正組合員当たり50％水準や１００％水準などの規制が行われた場合、特に准組合員比率の高い都市部を含む農協で困難が予想される。組合員として同等の利用資格のある准組合員に対し法的な利用規制をかけること自体は由々しきことである。ただし、この議論を足掛かりにして協同組合としての准組合員の位置

表10　共済事業実績の属性別割合

単位：千件、百万円、％

	年次	実績	正組合員	准組合員	組合員外
件数	2013	1,572,262	58.6	27.7	13.7
	2014	1,581,161	58.1	28.4	13.5
掛金	2013	196,802	44.8	43.8	11.3
	2014	148,543	51.1	37.6	11.3

注：全共連北海道本部の資料により作成。

づけを明確にし、北海道の農協の弱点である生活事業・活動を地域の視点から強化する契機とすべきであると考えられる。

2　地域インフラ形成主体としての農協

(1) 原点としての北海道の共済事業

農協共済事業は、１９４８年に北海道共済農業協同組合連合会が設立されたことで本格的に農協事業として展開してきたという歴史を持つ。１９４７年に制定された農協法に基づき、当時の北海道農業会北見支部が農協事業の一環として農業上の災害及びその他災害についての共済事業を実施し、翌１９４８年７月には北海道共済連が設立され、本格的な農協共済事業が実施されたのである。つまり、約70年の歴史を持つ農協共済事業において、北海道はその発祥の地として位置づけられるのである。

全国に先駆け北海道において共済事業が進展した背景にはさまざまな要因があげられるが、何よりも重要なのは北海道特有の農業構造にある。当時、北海道農業は地理的条件と積雪寒冷の気象条件により冷害・凶作が連続していた。これは、農家経済の不安定化をもたらし、営農資金の確保など計画的な経営安定策の整備が強く求められ、その対策として共済事業が模索されたのである。

もう一つの背景としては、北海道の活発な農民運動がある。北海道は戦前から農民運動が極めて活発であり、戦後においても農地改革の影響は府県に比べて大きく、農村での自主的な運動が激しく展開された。これは１９４６年８月に１５０を越える農民組織が活動していたことからも裏付けられる。これらの組織は多様な過程を経て１９４８年頃には北海道農村建設連盟、日本農民組合、北海道農民同盟等の有力組織に統合された。この組織の主導により、農業協同組合及び連合会が設立され、北海道共済連の設立へと繋がっていったのである。

北海道における農協共済事業の展開は全国にも波及し、１９５１年１月には神奈川県共済連が、同年２月には長野県共済連が設立された。これに先立ち、１９５０年には全国共済農業協同組合連合会（全共連）が設立され、農協共済は全共連―都道府県共済連―単位農協の３段構造を構成することとなった。その後、２０００年に47都道府県共済連と全共連が一斉統合された。

全共連の本格的な事業は１９５１年７月に行われた第１回通常総会の役員改選による新体制の下で実施され、当初の事業内容は建物共済（団体火災）と役職員退職共済の２つのみであった。実際、全共連は生命共済等の導入を期待し取り組んでいたが、民間保険との競合問題があり、また、農業災害補償法による農業共済組合との調整問題、そして養老生命共済の普及を取り巻く農協法の改正問題があったため、上述した２つのみで共済事業がスタートされたのである（米山［２０１２］）。

第一の民間保険との競合問題については、全共連は保険業法における「保険」と全共連の「共済」は異なることを主張したが、最終的には１９５４年の農業協同組合法の改正により決着している。ここでは、１９５３年２月に結成された全国共済団体連合協議会による協同組合保険法案阻止運動が大きな役割を果たした。同協議会は無認可共済団体の破綻を契機とした協同組合保険に関する強い規制を伴う法律制定の動きへの対応として設立された。この協同組合保険法案阻止運動は同法案の廃棄という成果をあげ、協同組合による共済は民間の保険とは異なることを明確にし、さらに共済は保険を補完する存在であるという認識を拡大させるのに大きな影響を与えた。

第二は農業災害補償法による農業共済組合との調整問題である。農業災害補償法の原点は１９２９年の家畜保健法と１９３８年の農業保険法にある。農業災害補償法は１９４７年に制定され、対象作目は農産物（米、麦）、蚕繭、家畜に限定されていたが、１９４９年の一部改正により、任意共済として農家火災建物共済が追加された。

最後に、養老生命共済の普及に関わる農協法の改正問題である。全共連は生命共済事業を実施することにより、協同組合共済がより発展することを認識していた。また、いち早く生命共済を実施していた北海道共済連は、養老生命共済を普及する取り組みを展開する予定であったが、そのためには農協法の改正が必要となった。そして、改正のためには、生命共済の実績を伸ばす必要があった。当時、生命共済は農村部より都市部で普及していた。全共連は北海道共済連での建物更生共済が好評であることに注目し、その普及のなかで生命共済の普及も行われた。その結果は、１９５４年6月養老生命共済の普及を支える農協法の改正につながり、これを契機に農林水産省は生命共済と建物更生共済の普及推進を積極化し、その加入は著しく増加することになった。

初期の農協共済事業は以上の問題を抱えていたが、全共連は自主的な運動展開などにより法律改正等の成果を上げることができた。このことがその後の農協共済事業の安定的な実施と拡充の基盤を築いたといえるのであり、以下では、北海道共済連［1998］をもとに地域インフラに関わる北海道における農協共済事業の展開について時期別に区分してみていく。

■農協共済事業の確立期　1951年〜1961年

1952年には十勝沖地震、1953年と1954年には長期低温による連続冷害があり、これが農家の所得低下への危機感につながる中で、農協共済事業は諸規定の整備など事業基盤の整備に取組んだ。その内容とは、共済規定の設定、生命共済と建物再生共済の改正及び共済掛金率と共済限度額、長期共済特別措置の改正、共済事業奨励要項の設定、農協共済事業体系の見直しを通じた共済経理手続きの統一である。このような取組みは農協共済事業体制の確立に寄与したと考えられる。

さらに、農協共済事業の推進体制を推進員制度から組織推進に転換した。これは、推進に対する労務管理と実績についての個人差、募集手数料方式の相違が大きく起因している。農協共済事業の組織推進への転換は、農協が共済事業の推進主体となることを意味し、これは北海道内の地区における推進委員会の結成にまでつながり、農協共済事業についての理解が拡大する結果をもたらした。つまり、この時期は農協共済事業の内容と推進体制が整備された時期と位置づけられ、事業の確立期といえる。

■地域インフラの形成期　1962年～1972年

この時期は日本経済が高度経済成長期にあり、農村部に労働力流出、過疎化の進行をもたらした。さらに、農村の生活水準が上がり都市化の傾向を強める一方、農村人口は高齢化しそのことが地域社会全体の問題として深刻化しつつあった。この状況の下で、農協共済事業も再検討された。農村社会の生活基盤の急激な変化が農業生産面のみならず、社会・家庭生活の面でも生じたからであり、従来のような1年を単位とする短期的な生活設計では、生活の安定・充実を実現しにくくなったからである。そのため、農協共済事業も長期の生活設計を行うことになり、長期共済の導入に大きな影響を与えた。実際、北海道共済連はこの時期に組合員を対象に生活設計アンケートを実施し、長期共済を推進していくことを決定している。

また、北海道共済連は農協共済事業の一部として福祉事業も展開した。具体的には学生寮設置・運営、農家建物巡回相談、農村巡回健診、交通安全施策実施、交通事故相談室開設、建築指導強化等である。これらの福祉事業は既存の取組みとは異なり、組合員の健康や事故防止等を図る取組みと考えられる。医療施設の水準が都市より低い農村において、これらの取組みは地域住民の健康な生活を後押しするインフラとして位置付けられるのである。つまり、この時期の農協共済事業は組合員の長・短期の生活設計から福祉事業にまでその領域を拡充しており、農協共済事業が単なる組合員の生活サポートのみならず、地域インフラ形成においても重要な役割を担うことを示している。

■地域インフラの拡充期　1973年以後

1974年のアンケート結果は農協共済事業が大型保障化していることを示しているが、このことが事業における福祉活動の展開に拍車をかけた。成人病健診と老人集団保養健康診断の実施を通じた組合員の健康づくりへの取組みである。なお、交通事故防止対策の一環として1975年から指定工場制度が実施された。この制度は会員工場が事故処理を通じて共済連に協力することを主たる目的とし、自動車整備や共済事業に関する研修、情報・意見交換などを行なうほか、車両診断運動や自動車共済、自賠責共済の普及推進にも積極的に関わっている。

このように共済事業は、相互扶助を事業の理念としつつ生命・建物・災害を中心としながら、組合員の生活保障や万一の事態に備える対策として進展しており、健康診断・事故防止・建物指導事業を通じて組合員の健康や財産の損害を防止できる地域インフラを形成・拡充してきた（宮地［2012］）。また、これらの事業は高く評価され、農協共済事業は成長し続けている。データは表示しないが、生命共済掛金は各種団体の生命掛金を合算すると、1980年に5000億円を超過したが、以降持続的に増加し2009年には4兆5000億円を上回るなど大幅な成長を見せている。

農協共済は大きく生命（ひと）、建物（いえ）、自動車（くるま）と区分されており、保険と類似したかたちで運営されているが、一般保険とは大きく異なる性質をもつ。**表11**は民間の生命保険と農協の生命共済を比較整理したものである。農協共済は目的、加入対象者、根拠法、リスク区分、モラルハザードにおいて、民間保険会社と相違が見られる。特に、農協共済が非営利ということと、加入対象者が原則として組合員であることが重要なポイントであり、これが農協共済事業の役割とつながっている。

人口の減少が続いている中、民間の保険会社の代理店のない市町村が増えている。これらの市町村において、農協共済は准組合員制度と員外利用を用い、保険を代替して地域住民が多様なリスクに備えられる役割を果たすようになっている。さらに、農協共済が交通事故対策活動、健康管理・増進活動、文化支援活動等などの社会貢献活動を行うことで、地域住民の生活サービス水準の向上を図る等、個人だけでなく地域社会全体からみてもその役割は重要性を高めている。

(2) 道立病院を代替する厚生病院

1939年に農民組織によって設立された「北紋医聯久美愛病院」を前身とする北海道厚生連は1948年8月に設立された。その理念としては、組合員及び地域住民の生命と健康を守りながら生きがいのある地域づくりに貢献す

表11　生命における農協共済と民間保険会社の相違

区　分	農協共済	民間保険会社
目　　的	非営利	営利
加入対象者	原則として組合員	不特定多数
根拠法律	農業協同組合法	保険業法
リスク区分	民間保険会社より緩い	農協共済より厳しい
モラル・ハザード	民間保険会社より少ない	農協共済より多い

注：生命保険協会 HP および宮地［2012］により作成。

ることをあげている（北海道厚生連［1978］）。そのために、第一に地域のニーズに応じた診療機能の充実と利用者サービスの向上に努め、地域から最も信頼され選ばれる病院を実現していくこと。第二に、農協とともに保健福祉・農協配置薬事業を通じ組合員・地域住民の健康管理に努めるとともに、地域における保健衛生の向上、高齢者の自立・生きがいづくりの支援に取り組むこと。第三に、地域活動を積極的に推進し、地域の信頼を高め地域連携に努めるとともに、健全な経営・運営を行っていくこと、という3つの基本目標を立てている。この基本目標は北海道厚生連が行っている「医療事業」、「健康管理事業」、「高齢者福祉事業」、「農協配置薬事業」の4つの事業と密接に関連している。

北海道厚生連は2015年現在、108農協と5連合会が会員となって運営されており、出資金は26億円となっている。2014年までの事業量（**表12**）と年間延利用者数（**図14**）の推移を見ると、2011年度の825億円から徐々に増加し2014年には880億円となっているが、年間延利用者数は減少していることがわかる。

また、道内での事業の円滑な実施・運営のため、拠点となる旭川市・

表12　厚生連事業量の推移

単位：百万円、％

事業名	2010	2011	2012	2013	2014	構成比
医療事業	72,609	73,372	74,955	76,989	76,010	86.3
健康管理事業	2,722	2,724	2,786	2,818	2,862	3.2
高齢者福祉事業	607	566	577	853	1,001	1.1
JA 配置薬事業	1,348	1,290	1,247	1,185	1,070	1.2
附帯事業・その他	5,515	4,637	5,912	5,398	7,125	8.1
合計	82,801	82,589	85,477	87,243	88,068	100.0

注：北海道厚生連ＨＰより作成。

帯広市・札幌市・遠軽町・網走市・倶知安町に総合病院を設置している。その他に、摩周（弟子屈町）・むかわ町・美深町・丸瀬布（遠軽町）・常呂町に一般病院を、湧別町・沼田町・苫前町にはクリニックを開設しており、さらに、常呂町・小清水町・弟子屈町に老人ホーム、旭川市に看護学校を設立・運営している。過疎化が進む農村部において道立病院の代替的役割を担っていると言ってよい。

事業の中心は、言うまでもなく医療事業である。上述の14カ所の総合病院・一般病院・クリニックを活用して、最新施設と高水準の医療技術、さらに、地域に密着した在宅医療や訪問介護等を行う医療事業を展開している。さらに、救急医療及び災害医療にも取り組んでいる。救急医療としては帯広厚生病院に救命救急センターを設置し、365日24時間体制で、高度な救急医療サービスを提供している。また、災害医療としては帯広・遠軽・網走・倶知安の厚生病院が政府から災害拠点病院の指定を受け、災害発生時に被災地へ派遣する医療チームを保有している。

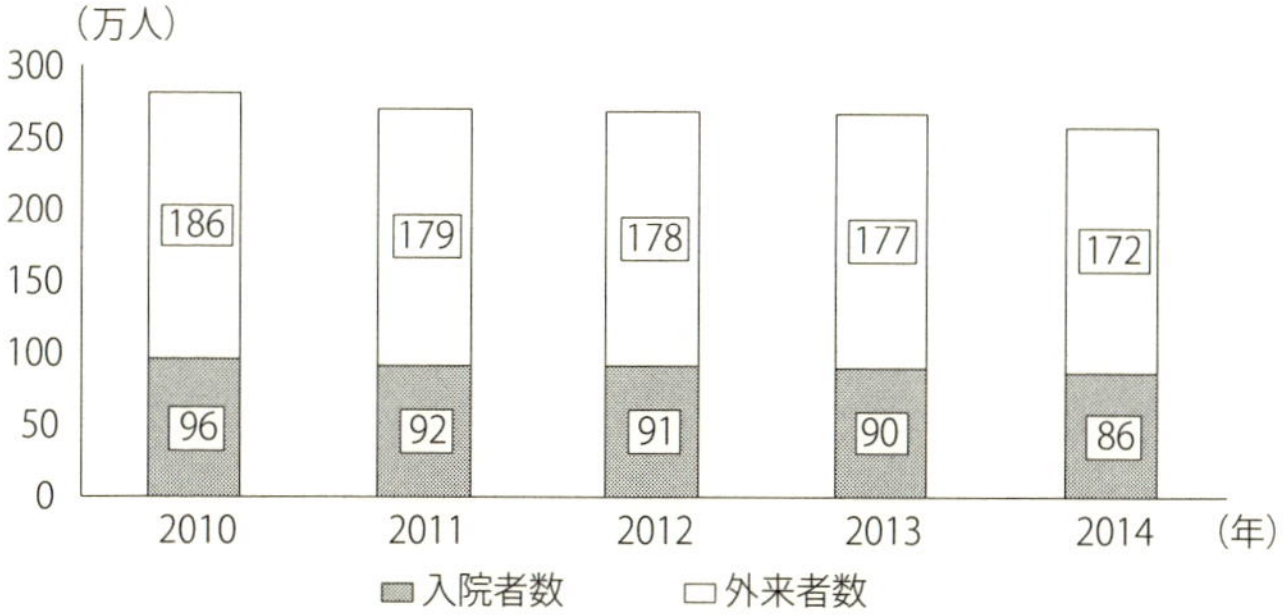

図14　年間延利用者数の推移

注：北海道厚生連 HP より作成。

第2の事業が総合的な疾病予防のための健康管理事業である。具体的には厚生病院内の健診センターを活用した人間ドックと生活習慣病検診がある。人間ドックについては**図15**は健康管理事業利用者数の推移を示したものである。人間ドックについては2008年の5万3000人から2013年の6万1000人と増加傾向にあるが、生活習慣病検診（成人病検診）は最高次の2010年の3万1000人から減少ぎみで2013年には2万8000人となっている。

第3が、高齢者福祉事業である。北海道では高齢化が全国平均より上回って進展しており、医療や介護サービスを求めている農村の高齢者も増加している。北海道厚生連は特別養護老人ホームによる施設サービスと訪問介護ステーション等の居宅サービスを中心とする高齢者福祉事業を展開している。この事業は地域関係機関との連携を取りながら、高齢者が住み慣れた地域で安心して生活できるよう支援することを目的としている。

施設サービスでは特別養護老人ホームを常呂町、摩周町、小清水町に設置・運営しており、とくに、常呂町と摩周町にある老人ホー

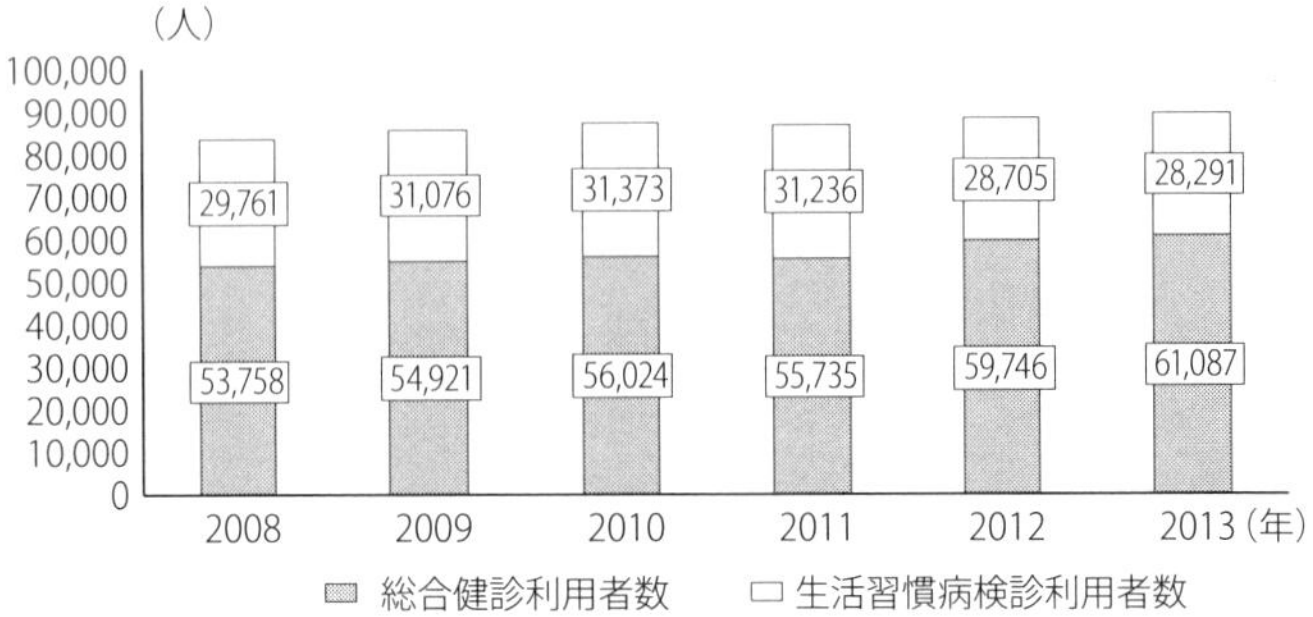

図15　健康管理事業利用者数の推移

注：北海道厚生連 HP より作成。

ムは管内の厚生病院との連携により健康管理から医療提供まで一貫したサポート体制を整えている。また、小清水町の老人ホームは個人のプライバシーを考慮した個室型ユニットケアを整備、より一層アップグレードしたサービスを提供している。

居宅サービスでは訪問看護ステーションとデイサービスセンター、デイケアセンターを運用している。旭川市、帯広市、遠軽地域、網走市、羊蹄地域、美深地域の6地区に訪問看護ステーションを設置し、病院や地域の保健・福祉団体と連携して質の高い訪問看護を提供している。

最後は、農協配置薬事業である。これは組合員や地域住民の家庭に医薬品等を預け、利用した商品のみを精算するとともに、使用期限が近づいた商品に対しては無償で交換する制度である。この事業は北海道厚生連が農協と協同で実施しているものであり、風邪・腹痛・頭痛等といった基本常備薬の他に、保健薬・健康食品、さらに高齢者向けの介護用品を取り扱っている。その他に、配置薬推進員が家庭に直接訪問し健康に関する情報を提供する等、農協配置薬事業は組合員や地域住民の健康維持に大きな役割を果たしている。

この事業は現在108農協と共同で実施されており、普及戸数は6万4003戸である。そのうち、正組合員が3万6424戸（56・9%）、准組合員が1万5075戸（23・6%）、員外者が1万2504戸（19・5%）である。また、取扱品目では配置薬が107品目、特例薬等が45品目、介護用品・福祉機器が165品目となっており、82人の推進員により展開されている。2014年の実績を見ると、配置薬は10億7000万円、特例薬等は5000万円、介護用品は3100万円である。

このように、1948年から組合員や地域住民の健康や福祉増進のため多様な事業を行っている北海道厚生連は、都市部に比べ医療・福祉サービス水準が低い農村部において、医療・福祉サービスの提供元となっており、農村部の医療・福祉インフラ拡充に非常に重要な役割を担っている。

(3) 過疎地での農協の役割

農村部から都市部への人口移動が拡大するなかで、収益性の追求が運営目的である民間の保険や病院・福祉施設は、収益性の悪化のため農村部から離脱する動きをみせている。こうした社会的・経済的行動の中で、農村部という過疎地において安心して生活できる地域インフラを構築してきたのが農協である。とくに、注目されるのが共済事業及び厚生事業の取組みであり、それぞれの取組みは生活インフラと医療・福祉インフラといった地域インフラ形成と密接に関連している。

繰り返しになるが、共済事業は過疎地において生命・自動車・建物に関する共済サービスを提供することで、民間保険が離脱した隙間を埋めている。この点から共済事業は過疎地の住民に突然起こりうる自然災害、事故など災害事態に対応する体制を構築するための生活インフラを形成している。また、厚生事業は医療・福祉サービス等に関する取組みを行うなかで、過疎地住民の病気といった身体的問題のみならず、精神的な心の支えにも貢献しているのである。

こうした過疎地域における農協の取組みをみると、間違いなくそれら地域における地域インフラ形成の主体は農協であり、農協によるこうした取組みの根底には、互いに助け合う協同組合の理念、すなわち相互扶助の精神が存在する。農協は人口減少が続いている過疎地において、組合員及び住民が安心・安定的に生活できる基盤を設けるかたちで地域インフラを形成してきたのであり、この点からも過疎地においての農協の役割は非常に大きいものとして位置づけできる。

3　生活事業・活動と女性部の再興

(1) 農協の生活事業・活動の歴史と女性部

戦後の民主化政策の下、農家生活の向上や農村婦人の地位向上を目指して、農協婦人部（以下、現在の呼称である女性部を使用する）が結成され始めたのは、1948年頃である（JA全国女性協議会［2002］、石田［2014］）。当時の農協は、経営不振に喘いでおり、とくに購買事業は赤字部門であった。設立当初の女性部は、農協の購買事業の協力組織として、集落における生活用品購入の取りまとめを行ったり、生活の合理化による貯蓄推進運動に積極的に取り組んだりするなど、農協の経営安定に大きく貢献した。なかでも、1953年に全購連が展開したクミアイマーク全戸愛用運動においては、女性部が予約・注文・配達・代金決済まで行い、そこで得られた数パーセントの手数料は、女性部の活動資金となった。

その後、高度経済成長期に入ると、農家の兼業化や、都市と農村の混住化が進展し、それまで専業農家で構成されていた組合員に多様性がみられるようになる。農協でもこの組織基盤の変化に対応し、営農だけでなくすべての組合員の共通課題である生活問題に焦点を当てた事業展開が求められるようになってきた。農協では、1961年に第9回全国農協大会において、生活改善活動の積極化の決議を行い、1962年から全中による生活指導員の育成が取り組まれるようになる。農村の生活問題は従来から、都市と農村の格差問題として表面化していたが、この課題は主に国の生活改良普及制度の中で取り組まれており、農協として主体的に生活事業に取り組み始めたのはこのときが初めてであった。

女性部では、農協がこのような方針を打ち出す前から、食生活改善講習などの地域に密着した生活活動に取り組んでいたため、1970年に第12回全国農協大会で、いわゆる「生活基本構想」が決議された際に、その原案において生活活動の担い手となる新たな組合員組織の設置が検討されていたことに対し、農協の生活活動における女性部の位置づけを明確にすることを求めた。これにより、全中は各集落の実情を考慮して、生活活動においては従来通り女性部が担うか、あるいは新しく生活部会を組織する場合にも既存の女性部と十分に協議し、女性部の理解と納得の上で体制を整えることを明記した。これによって、これまで草の根的に生活活動を先導してきた農協女性部が、名実ともに農協の生活事業・活動の担い手として位置づけられたのである。なお、農協は「生活基本構想」により、生活事業・活動の強化を目指したのであるが、提起された課題があまりに広範だったために、具体的な取り組みや活動に繋がりにくい点が問題として指摘されてきた。そのため、２００９年の第25回全国農協大会において、①高齢者生活支援、②食農教育、③環境保全、④子育て支援、⑤市民農園、⑥田舎暮らしという六項目の課題に絞った「ＪＡくらしの活動」への取り組みを提案し、現在はおもに支店を拠点とする活動が進められている。

（２）北海道での女性部活動の停滞と女性の活躍

このように、農協女性部活動は、農協の生活事業・活動をおもな領域として歴史的に展開してきたが、女性部は部員数の減少により存続自体が危ぶまれる状況となっており、北海道内でもいくつかの農協で、女性部の活動停止や解散といった事態が起きている。しかし、その一方で、**図16**にあるように、北海道農政部が２００８年に道内に居住する女性農業者８００名を対象に行ったアンケート調査では、「地域でどのような活動に参加したいか」という問いに対し、９割近

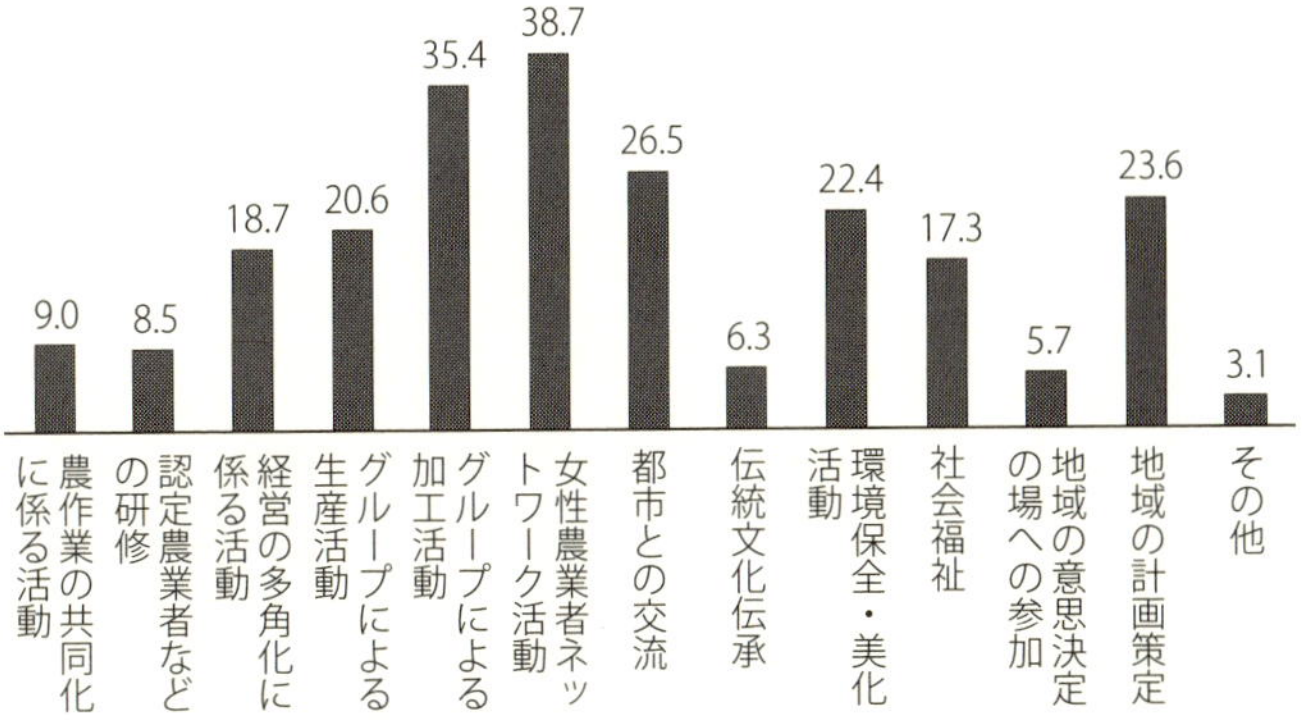

図16　女性農業者の地域活動への参加意向（％）

注：北海道農政部「女性農業者の役割発揮に関するアンケート調査報告書」（2008）より引用。

くの女性が地域活動に参加したいと答えており、「女性農業者のネットワーク活動」、「グループによる加工活動」、「都市との交流」などへの参加意欲が高くなっている。

また、農水省のデータによれば、北海道における女性農業者の起業数は、グループ経営によるものが200件以上（2012年度）あり、農協女性部の衰退とは対照的に、女性の組織活動への関心は高い。これらのことから、女性の「農協女性部ばなれ」の要因は、これまで指摘されてきたような個人志向の強まりや、役員になりたがらない女性が増えたことにより組織活動そのものが敬遠される、という女性たち自身に起因するものだけではなく、女性の意向と農協女性部の活動にミスマッチが生じているという構造的な要因があると考えられる。女性部の課題は、このミスマッチを解消することであり、そのためには、組織面と活動面の両方からのアプローチが必要であろう。この点について、調査を実施した福岡県「にじ農協」を事例に考えてみたい（坂下他［2015］）。

（3）府県の女性部から学ぶ――福岡県にじ農協

福岡県東南部に位置するにじ農協は、うきは市（浮羽町、吉井町）、久留米市（田主丸町）を管内とし、筑後川流域の肥沃な水田地帯と、耳納連山のふもとの広大な果樹地帯から形成されている。管内の農家戸数は約4200戸（2010年）で、一戸当たり平均耕地面積はおよそ1haである。2014年度の品目別の販売高は合計約70億円で、そのうち約6割を野菜と果樹が占めている。施設園芸の導入も進み、農家では女性が営農面でも大きな役割を果している。**表13**に示したように、にじ農協の事業別構成比は、全国と比較して、購買と販売の割合が大きく、営農経済事業に力を入れた事業構造となっている。

一方、女性部についてみてみると、**図17**にあるように、1996年の合併当時のにじ農協女性部は、部員数が減少し活動が停滞するなど、全国の女性部に共通する課題を抱えていた。そこで、2000年から女性部組織整備プロジェクト会議を重ね、2001年に女性部の再編を行い、それまでの地域組織を主体とし支部活動を中心とした女性部から、「星の数ほどグループを

表13　にじ農協の事業総利益と構成比

単位：百万円、%

	事業総利益	信用	共済	購買	販売	その他
2000	2,903	24.7	24.2	25.5	9.2	14.9
2005	2,846	23.3	23.5	25.5	8.4	14.1
2010	2,696	23.7	23.0	25.8	8.2	14.1
2000	2,190,420	35.2	26.6	24.5	6.3	7.4
2005	1,996,341	36.7	27.5	21.0	6.6	8.2
2010	1,886,601	40.7	26.0	18.4	6.9	8.0

注：1）にじ農協総会資料、総合農協統計表より作成。
　　2）下段は全国47都道府県の数値である。

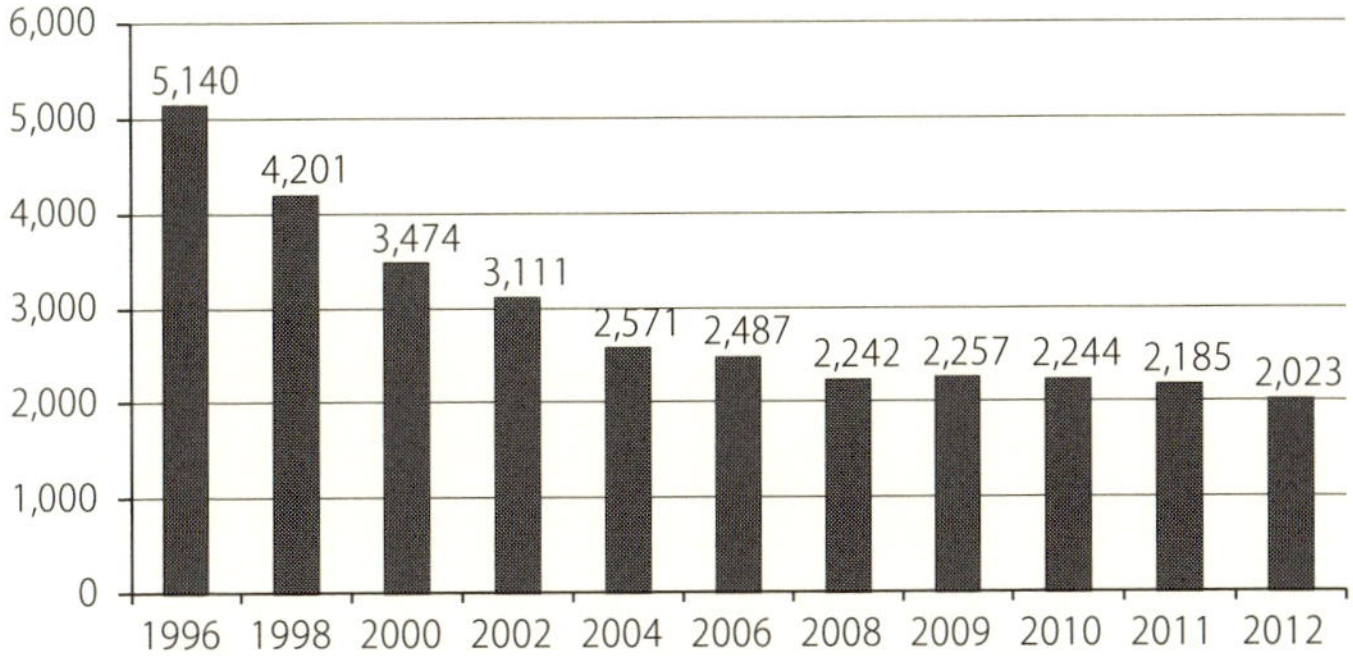

図17　女性部員数の推移

注：にじ農協提供資料より作成。

つくろう」を合言葉に誕生した数百の目的別グループを主体とする女性部へと変化している。

図18は、再編後の女性部の組織体制であるが、女性部の運営は女性部本部役員会が担当し、その下に5つの専門委員会が置かれている。専門委員会は合計12のグループから構成され、その下に部員が加入する最小単位の目的別グループ活動があり、グループ活動に参加するには女性部への加入が条件となっている。また、**図19**のように生活指導員の下に文化協力員を配置し、女性部への指導体制を二段階にすることで、部員のグ

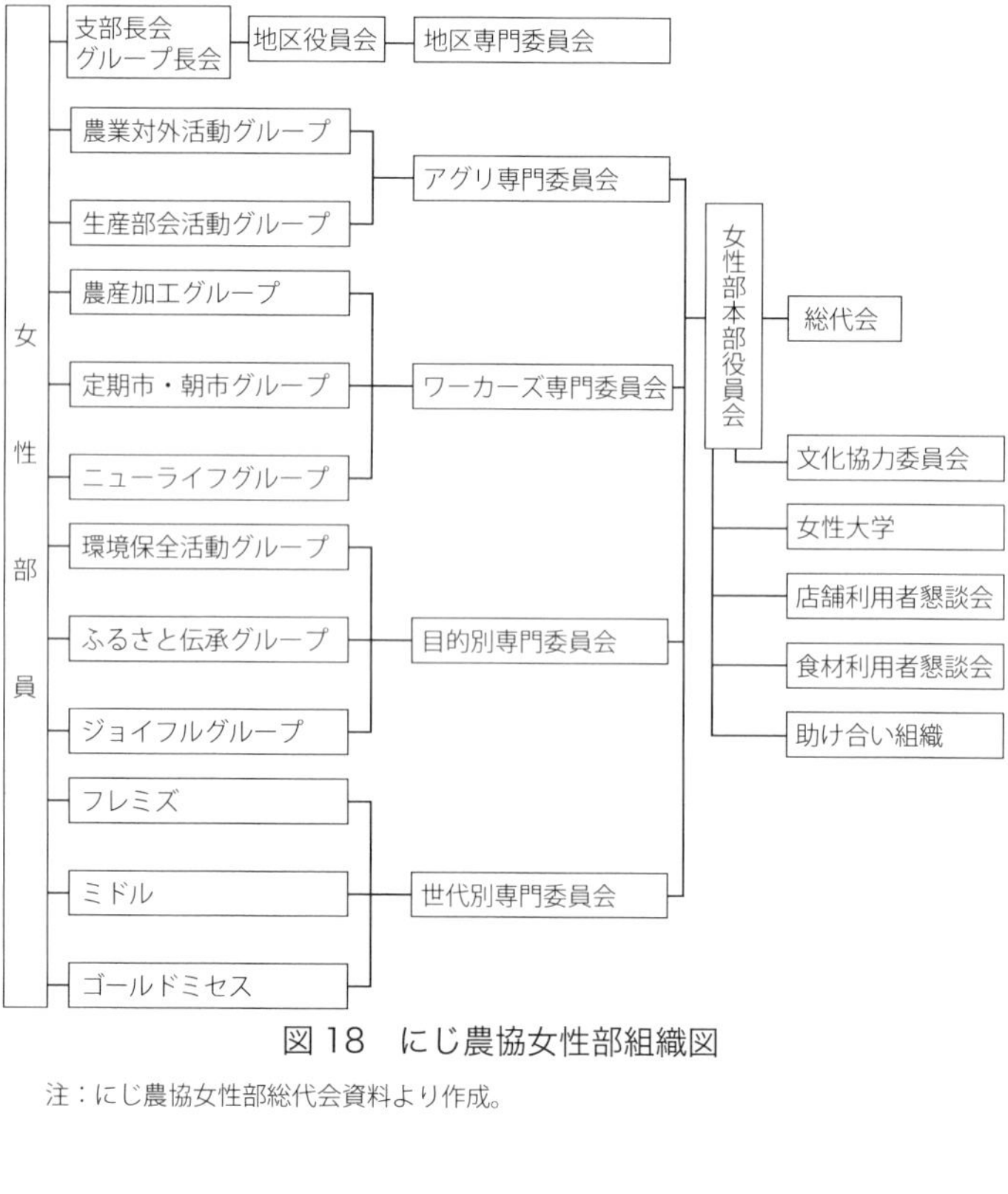

図18　にじ農協女性部組織図

注：にじ農協女性部総代会資料より作成。

ループ活動に対するきめ細かい支援が可能となっている。

次に活動面であるが、**図18**にもあるように、女性たちが地域活動として取り組みたい活動は加工や食農教育、地産地消などであるが、これらは、農協が自己改革において今後取り組むべき課題として挙げている活動と共通している。にじ農協でも女性部はグループ単位でこれらの活動に積極的に取り組んでいるが、それを女性部内だけの活動にとどまらせず、農協の総合的事業展開と関連づけている点が特徴である。具体的には、「農産加工グループ」を中心とする直売所事業と関連させた女性部の加工品の製造販売や、「農業対外グループ」を指導役とする体験農園での食育、女性部の加工品を活用した葬祭事業でのギフト開発などであり、女性部活動がさまざまな部署と連携し、農協事業と密接に関わりながら展開されている。とくに、直売所は売上高が10億円を超す一大部門であるが、一番人気は女性部を中心に製造される加工品であり、売上高の35%を占めている。直売所の開設以来、組合員以外の利用が増えたため、にじ農協では２０１０年に総合ポイント制を導入した。これにより、准組合員に加入すれば利用ポイントに応じて還元を受けられるようになり、２０１０年には准組合員が３１５２名から６０３１名へと倍増している。また、にじ農協ではいくつかの生産部会に女性部が組織されており、女性が農産物の販売促進において大きな役割を果している。これは女性部の組

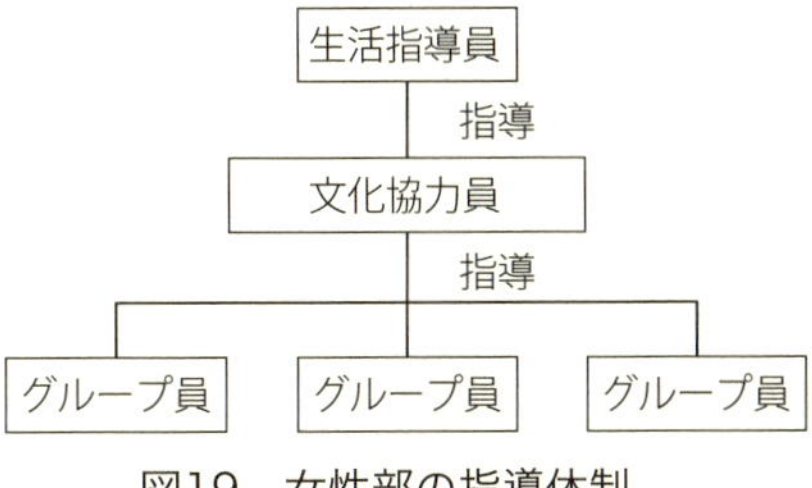

図19　女性部の指導体制

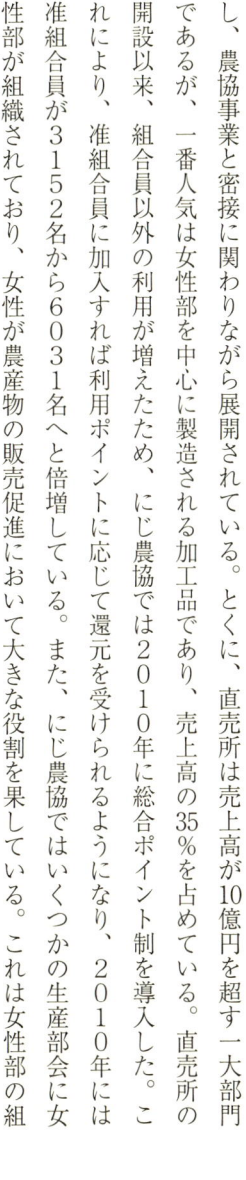

織再編の際に、生産部会の女性部の一部を農協女性部に「生産部会活動グループ」として組み込んだことの成果であり、農協女性部の活動領域が販売事業にも及ぶようになっている。さらに、支部グループではお祭りなどのイベントにも多数取り組んでいる。

なぜ、にじ農協でこのような女性部展開が可能になったのか。その背景には、にじ農協が生活・営農面において女性が大きな役割を果していることを認識し、女性部を農協運動の重要な担い手として明確に位置づけたことがあげられる。にじ農協では、農協運動は組合員の「しあわせ」づくり運動であるという理念のもと、組合員の経済的、健康的、精神的という3つのゆたかさを「しあわせ」と定義し、農協女性部と青年部を中心的担い手と位置づけた営農・生活を両輪とする総合的事業展開を行っている。また、協同組合の基本は組合の組織・事業・経営に参加することにあるとの考えから、女性の農協参画もすすめられている。その結果、2012年の時点で女性正組合員割合が28%、女性総代割合が21%、女性理事が3名となっている。総代会での発言の半数は女性総代からのものであり、女性総代の発言をきっかけに福祉事業を始めるなど、女性が農協の総合的事業展開に大きく関与している。女性総代の発言は、事前に女性部での勉強会でその内容を検討したものであり、女性部の総意が総代会で表明されるしくみとなっている。

このような女性部の組織再編の結果、先の**図17**に示したように、2002年までは部員数が大きく減少しているものの、2002年以降は減少が緩やかになり、2008年以降はほぼ横ばい状態を維持しているのである。

（4）北海道の女性部活動の方向性と農協での役割

にじ農協の事例が、北海道の女性部に対して示唆するものはなにか。最後にこの点について考えてみたい。

まず、にじ農協では、明確な理念のもと、女性部を農協運動の担い手として中心的に位置づけてきた。次に、女性部の組織再編を行い、女性たちの自主性にもとづくグループ活動を活性化させ、また、その活動が農協事業と結びつき、農協が営農・生活に関わる総合的な事業を展開していた。最後に、女性部対策と女性の農協参画を並行して取り組んできた。このような女性部の展開は、組合員増加による農協財務への寄与や、農協事業利用高の増加、農協ファンの獲得に大きく貢献し、また、女性部と農協の組織的な結びつきが強化されることによる組織力の向上にも繋がっていると考えられる。

北海道の農協女性部においても、女性の意向を活動に反映できる組織体制を構築することが必要であり、女性たちが自主的に集まった目的別グループを主体とする組織づくりは大変有効であろう。組織再編の際は、これまでの支部を解散するのではなく、支部活動と目的グループ活動を組み合わせることにより、より多くの女性の意向に沿った多彩な活動展開が可能になると考えられる。また、支部活動にもある程度、部員に共通する目的を設定することで部員たちの親睦を深める以上の役割を発揮できるのではないだろうか。

また、女性部の活動を農協事業と関連づけることも重要である。北海道の農協は、これまで経済事業中心の事業展開をしてきたが、農業の価値を次世代に伝える食農教育や、農産物に付加価値を与える加工品の開発、消費者とのネットワークづくりなどは、これからの北海道農業の発展のためには欠かせないことである。また、農村の高齢化や過疎化が進むなか、農協に対する社会インフラの担い手としての期待も高まっており、北海道の農協においても生活事業への取り組みが課題となっている。それらの取り組みは、女性が参加したい地域活動とも共通しており、女性部活動を農協事業とうまく結びつけることが、農協の総合的な事業展開のポイントとなるであろう。また、生活事業だけでなく、専業的に農業に従事する女性が多い北海道では、営農事業における女性の組織的対応も検討する余地がある。

最後に、このような女性部改革は、農協における女性部の位置づけを見直すことが前提となる。北海道の農協はこれまで男性

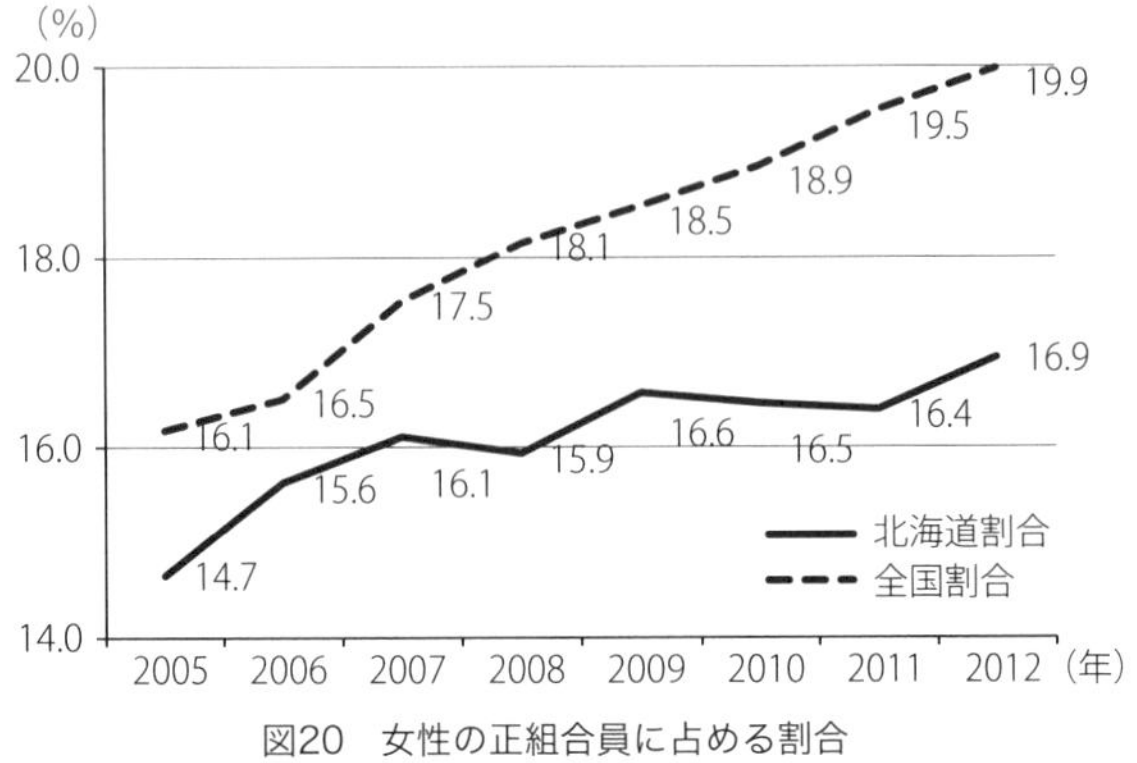

図20　女性の正組合員に占める割合

注：『総合農協統計書』より作成。

中心に構築されてきた。**図20**、**21**に示したように農協への女性の参画は全国的に見ても低いレベルにあり、農協における女性部の位置づけも明確にされているとは言い難い。

しかし、農協が地域農業に果たす役割が大きい北海道だからこそ、地域農業の重要な担い手である女性が積極的に農協に参加することが重要であり、それには役員に女性を登用するだけでなく、女性部活動を基盤として女性と農協の関係を深めることが求められる。女性部の活性化は女性のためだけでなく、新たな組合員の獲得や事業の多様化、結集力の強化など農協全体の発展に繋がるものであるが、残念ながら役職員が女性部の重要性を認識していない農協も多く、その場合は、役職員に対する女性部教育も必要である。

存続が危惧される農協女性部であるが、自分にとって意味があると思えば、役員などの多少の負担があっても、活動に参加する女性は多いであろう。農家の女性が切実に求めているものは、農業を通じて自分たちの生活をよりよくする、そして社会に貢献

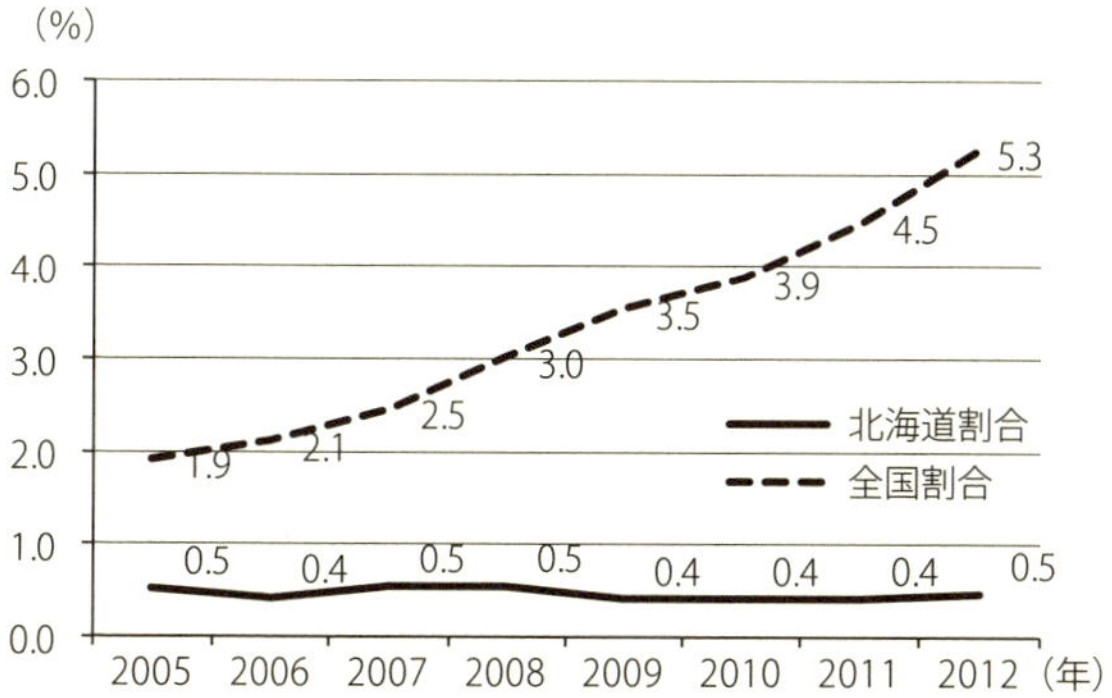

図21　女性の農協役員割合

資料：図20に同じ。

することであり、農協女性部の活動はその願いを助けるものでなくてはならない。役目が終わったと揶揄されることもある女性部であるが、その役割はこれからますます重要となるのであり、消滅させるのではなく、守っていかなければならない組織なのである。

4　次世代を担う農協青年部の役割

(1) 農協青年部の目的と現状

協同組合のレーゾンデートルとはなにか。協同組合組織の特徴の一つに、利用、所有、経営の一体性というものがある。事業サービスの受け手である組合員が、その事業の経営者でもあるというその一体性は、株式会社でいえば「顧客」を組織的前提として抱えているともいえよう。いま、マーケティングの重要課題として顧客の獲得に企業が莫大な投資をしていることから考えると、その意味で農協は優位性を持っている。

しかしこうした優位性は、組合員が農協と結びついていることが前提だが、問題となるのが、次世代と呼ばれる人たちと農協との結びつきである。全国段階でもこうした問題意識は強く、農協大会でも重要な課題として取り上げられている。

全国の農協組合員の年齢別組合員数の数値を見たことがあるだろうか。第26回の全国農協大会資料に掲載されたデータによれば、全国の正組合員約４７０万人の４割が70歳以上であり、いわば農協の第一世代である。括りを広げて60歳以上でみると約２８０万人であり全体の６割となる。この世代は、１９４７年の農協法によって全国に農協がつくられた時代の空気を直接、あるいは間接的に知っている世代であろう。続く45～60歳代を第２世代と呼ぶならば、さらにその次に来る第３世代のところまで、農協設立当時の空気感が伝わることは期待できない。

これから農協運動を担っていこうとするかれらにとって、農協の存在意義を知識としては知っていても実感が伴わないことは無理もない。ここでは、北海道の農協青年部を対象として、かれらの農協との関わりや活動の課題などについて明らかにしたい。

言うまでもなく、農協青年組織とはおおむね20～45歳の農業後継者層の青年たちが属する組織で、農協の外郭団体又は下部組織として位置付けられる。農協青年組織は全国各地の農協に置かれており、２０１３年時点で部員数（盟友数）約６万２０００名、組織数（単組数）５１６である。部員のことを「盟友」と呼び、組織活動の最小規模を「単組」と呼ぶ。単協と同様に、単組内に「支部」を置く青年組織もある。北海道は12の地区に分かれており、単組と全道段階（北海道農協青年協議会）の間に地区農協青年部協議会がある。青年組織の活動内容は大まかに勉強・研修会、青年組織内外での交流、食育、農政活動などであり、時代や地域によっても異なる。

全国的に見れば、青年部員の高年齢化が進んでいる。青年部員に明確な定年をもうけずに、40、50歳代の第２世代でも青年部員として活動している地域もある。一方、北海道の多くの青年部で30歳代半ばを定年として、文字通り青年層によって活動をしており、文字通り第3世代の農協の担い手である。

(2) 組合員教育の起点としての青年部活動

農協青年部は、農協組織の入り口としての位置づけとともに、農村における人材育成のスタートでもある。農村における人材育成を研究した七戸［1987］は地域リーダーの役職経験の実態を踏まえて「農村リーダー」の階梯を示した。農村における地域リーダーは、生産組織役員、部落の三役、農協役員、そして市町村議員というように、段階を踏んで育っていくという一つのモデルを提示したのである。地域において、そのモデルのように人材を育成していくしくみが、いわば「地域による教育」として存在していたという指摘である。こうした地域としての教育と、農協組織などによる「組織としての教育」が両輪として、農村での人材育成を担ってきたといえよう。

組織活動による教育によって得た経験、知識をもとにして、それを実践する場所として「地域による教育」がある。そこでは人と人のつながりのなかで、組織活動では得られない行動基準、規範、協調、慣習を身につけていくことに役立ってきた。

地域による教育とは、生産組織や部会で仲間をつくり、学習活動によって得られた知識を基に、仲間や地域の先輩の教えを請いながら、知識を実践によって鍛えていくことである。青年部組織は、そうした意味では最初の一歩として位置付いていた。

農協によっては、青年部活動の参加率が低下し、今後の青年部活動の担い手問題も見られる。青年部活動は、若手組合員にとっては「地域による教育」に参加する重要な入り口としての役割を果たすと考えられるが、その活動への参加率の低下は、地域による教育力の低下に結びつくであろう。つまり、青年農業者の減少、地域の農家の減少によって、部会、部落で仲間をつくり、先輩の教えを請いながら、農村リーダーとして階段を上っていく、というストーリーが描きにくくなってきているのである。

(3) 農協との関わりの変化

第28回北海道農協大会において、北海道農協グループの人づくりの目標として、「自ら学び、気づき、成長する」ことができる人づくりの実践が掲げられている。そのなかで、「気づきを促進する教育」、「仕事と組織活動を通じた経験」による学習のサイクルが提示されている。具体的な実践事項として、自己錬磨によるトップマネジメント機能の発揮、「JAグループ北海道改革プラン」を実践する職員等の人材育成とならんで、組合員学習を通じた協同活動への理解とその実践が掲げられている。

青年部活動を今後の農協の担い手への入り口として捉えた場合、後継者世代は現在農協とはどのようなつながりを持っているのであろうか。そして青年部の次のステップとして農協とはどのように関わっていくのであろうか。今後農協青年部やその後農協に対してどのような要望を持っているのかを把握することで、今後の農協の担い手としての青年部の意識を把握することができると考えられる。そのため、2015年に津別町農協青年部、今金町農協青年部、留萌・上川・宗谷両地区青年部協議会役員及び幌延町農協青年部、十勝地区農協青年部協議会役員及び単組役員の協力を得てアンケート調査を実施した（北海道地域農業研究所［2016］）。

■青年組織活動に対する参加意識

まずは、青年組織活動全般の状況についてみてみよう。**表14**は、青年組織活動への参加率を役職の有無により分類し、同じ分類の中に占める割合を示したものである。これを見ると、役職を持っている部員は半数近くが90～100％の活動に参加しているのに対し、役職のない一般部員の参加率のモードは60～80％となっている。また、参加率30％以下の一般部員も多い。

表15は、青年部に加入した時の心境と、参加割合の関係を表出したものである。まず、元々青年組織に入るのに乗り気ではなかった部員が一定数いることが注目される。そのことは、現在北海道内でも多くの青年部で活動参加率の低下が問題視されているという実態と符合する。また、「その他」では「何となく入った」や「特に考えず入った」といった回答が目立った。そ

表14　役職の有無による参加割合

単位：人、％

	～30％	40～50	60～80	90～100	合計
単組・地区役員	3 (10.3)	6 (20.7)	6 (20.7)	14 (48.3)	29.0 (100.0)
役職なし	10 (33.3)	4 (13.3)	11 (36.7)	5 (16.7)	30.0 (100.0)
合計	13 (22.0)	10 (16.9)	17 (28.8)	19 (32.2)	59 (100.0)

注：國本英樹「農協青年組織展開の歴史と今後の農協運動における役割」（北大農業経済学科2016年卒業論文）および北海道地域農業研究所［2016］による。

れを踏まえて表を見ると、後継者として当然だと思い加入しても実際はほとんど参加できていない部員も20％以上いることや、乗り気ではなかったが参加率の高い部員も多いことから、当初の加入の心境とその後の出席率にはそこまでの相関がみられないと言うことができる。青年組織に加入し活動に参加していく中で活動にうち込めたか、何か担当を持つなど自然と関わる状況が生まれたといった理由が考えられる。

■青年部組織のメリット、デメリット

アンケートでは、青年組織活動に参加するメリットとデメリットを調査した。表出はしないが、回答した40人中25人で仲間づくりができるといったメリットをあげた。次に技術的な情報交換などを12人があげ、刺激しあえるといった回答（4人）が続いた。

一方で青年組織活動のデメリットで一番多かった（回答者の37％）のは本業や家族との関係だった。営農で時間が取れない以外にも、家庭がある部員は夜に会議等で家を抜けることへの懸念・引け目が挙げられていた。次に、農業者のみの集まりという点やメンバーの固定化といった点（回答者の

表15　青年部加入時の心境と青年部活動への参加割合の関係

単位：人、％

	～30％	40～50	60～80	90～100	合計
後継者として当然	6 (21.4)	2 (7.1)	10 (35.7)	10 (35.7)	28 (100.0)
あまり乗り気ではない	1 (6.7)	3 (20.0)	6 (40.0)	5 (33.3)	15 (100.0)
その他を含む合計	10 (18.9)	6 (11.3)	17 (32.1)	20 (37.7)	53 (100.0)

注：資料は表14に同じ。

25%）をデメリットとする声が多かった。「その他」は、新規就農者へのフォローが不十分、勉強会で質問しづらい、部員間の意識の差、懇親会での振舞いについてあげていた。

青年組織活動への意識からは次のようなことが分かった。青年部員はあくまでも営農の傍らで活動に参加しており、内在的な制約が存在する。その際に家庭や仕事仲間への配慮もあると思われる。また、メンバーや農業という分野の固定化という側面も抱えており、これも内在的制約と言える。しかし、部員の活動への参加度合いや展望を見ても多種多様な部員を包含していることがわかる。比較的近しい年代の同業者とのネットワークを形成していく中で活動への関わりが増えることもあり、青年組織は同志的組織としての側面が強いということができる。

■後継者世代の農協・協同組合への理解度

青年部が農協の担い手育成の役割を果たしているのか、という点について把握するために、株式会社と協同組合との違い（所有・利用・経営の三位一体性など）の認識と就農年数との関係を見たものが**表16**である。全体としては「よく知っている」「大体知っている」の割合が多くなったが、「少し知っている」「あまり知らない」の割合も多い。単組においては、比較的理解度が低い傾向となっている。年数が5年未満の人数が多いため単純な比較はできないが、年数と認識との間には明確な相関関係は見られないことが解る。就農後において協同組合について学ぶ機会が少ないという実態が考えられよう。

部員が具体的に協同組合に関する知識を習得する機会としては、青年部の活動及び家族内が考えられる。**表17**は、青年組織内で協同組合に関する話題をする頻度を就農年数別に整理したものである。頻度については全体では「時々」が一番多いが、「ごくまれに」と「話題にしない」で半数近くを占めている点も注目される。部員によって話題にする部員と話題にしない部員とで二分されていることが予測される。

表18は家庭内での協同組合に関する話題の頻度を聞いたものである。青年部員間とは違い、「話題にしない」が圧倒的に多い結果となった。家庭内で父親など農協人としての先輩から話を聞くという機会は、ここからはあまりないようであることが読

表16　株式会社と協同組合の違いの理解度と就農年数の関係

単位：回答数、％

理解度＼就農年数	5年未満		5～9年		10～15年		15年以上		合計	
よく知っている	6	13.0	1	7.1	3	30.0	0	0.0	10	13.7
大体知っている	17	37.0	6	42.9	3	30.0	1	33.3	27	37.0
少し知っている	13	28.3	4	28.6	3	30.0	2	66.7	22	30.1
あまり知らない	9	19.6	2	14.3	1	10.0	0	0.0	12	16.4
全く知らない	1	2.2	1	7.1	0	0.0	0	0.0	2	2.7
合　計	46	100.0	14	100.0	10	100.0	3	100.0	73	100.0

注：資料は表14に同じ。

表17　青年組織内での協同組合に関する話題の頻度と就農年数の関係

単位：回答数、％

頻度＼就農年数	5年未満		5～9年		10～15年		15年以上		合計	
無回答	3	6.5	0	0.0	0	0.0	0	0.0	3	4.2
日常的	1	2.2	1	7.1	1	10.0	0	0.0	3	4.2
時々	17	37.0	3	21.4	4	40.0	2	100.0	26	36.1
まれに	5	10.9	1	7.1	0	0.0	0	0.0	6	8.3
ごくまれ	12	26.1	3	21.4	1	10.0	0	0.0	16	22.2
しない	8	17.4	6	42.9	4	40.0	0	0.0	18	25.0
合計	46	100.0	14	100.0	10	100.0	2	100.0	72	100.0

注：資料は表14に同じ。

み取れる。

表19は、就農年数による青年部員と農協の関わる機会をまとめたものである。項目は複数選択可で、就農年数別に選んだ人数と回答者に占める割合をまとめた。全体的に会議を通して関わる機会が多く、これは青年部の会議に参加する農協職員との関係が大きいと思われる。また、就農年数が上がるほど職員との連絡や営農相談でかかわる割合が増加している。これは就農年数を重ねながら家の経営にも携わるようになり、その結果経営に関して職員と関わっていることが予想される。

農協との関わりについては次のようなことが分かった。青年部員は、青年組織以外には主として生産部会や生産組合に所属し

表18　家庭内での協同組合に関する話題の頻度と就農年数の関係

単位：回答数、%

頻度＼就農年数	5年未満		5～9年		10～15年		15年以上		合計	
無回答	3	6.4	0	0.0	0	0.0	1	25.0	4	5.3
日常的	1	2.1	0	0.0	0	0.0	0	0.0	1	1.3
時々	11	23.4	0	0.0	1	10.0	0	0.0	12	16.0
まれに	0	0.0	1	7.1	1	10.0	1	25.0	3	4.0
ごくまれに	7	14.9	2	14.3	3	30.0	0	0.0	12	16.0
話題にしない	25	53.2	11	78.6	5	50.0	2	50.0	43	57.3
合計		100.0		100.0		100.0		100.0		100.0

注：資料は表14に同じ。

表19　就農年数による青年部員と農協の関わる機会（複数回答）

単位：回答数、%

機会＼就農年数	5年未満		5～9年		10～15年		15年以上		合計	
よく事務所に行く	3	18.8	8	36.4	16	57.1	3	33.3	30	39.5
親密な職員と連絡し合う	5	31.3	11	50.0	15	53.6	7	77.8	37	48.7
営農相談をする	2	12.5	7	31.8	11	39.3	5	55.6	25	32.9
会議等に参加する	9	56.3	15	68.2	19	67.9	7	77.8	50	65.8
あまり関わらない	6	37.5	3	13.6	2	7.1	0	0.0	9	11.8
ほぼ関わらない	2	12.5	0	0.0	0	0.0	0	0.0	2	2.6
回答者数	16	100.0	22	100.0	28	100.0	10	100.0	76	100.0

注：資料は表14に同じ。

ている。そのほかの農業関連の集まりにも所属する場合が多いが、これらは概して地域内の団体であり地域外や農業外との交流を仲介する所属先はある程度限られていると考えられる。そのような中、青年組織は交流・情報交換の場として重要な機能を果たしており、その人脈を今後に活かしたいという展望も見える。しかし、それが農協との関わりとなるとあまりイメージを持っていないと思われる。

そもそも、青年部と農協との関わりは青年部の会議を通して関わる事務局担当の職員が中心である。他に関わる職員は、営農年数を重ねることで家の経営を通して関わる機会が多いと考えられる。一方で、協同組合に関する話題は家庭より青年部員間の方が相対的に多く、一概に青年部で農協に関する知識や見識が全く養われないとは言えない。

（4）青年部組織の革新から農協組織の革新へ

この調査では、青年部員から農協への要望、青年部活動への要望を自由記述で聞いたが、その中に青年部活動の今後のヒントを見ることができる。紙幅の関係で詳述できないが、自由回答からは「農協職員の質の向上」、「職員との距離感」、「同世代との情報交換がなくなる（部会のみになってしまう）」、「言いたいことを言い合える関係性がなくなることへの危惧」などのキーワードが浮かび上がった（北海道地域農業研究所［２０１６］）。

これらを考えると、農協職員とのつながり、信頼関係の構築というものが喫緊の課題として認識されていることが伺える。青年部員にとっては、農協とのつながりは青年部事務局の担当者に限られているというのが現実である。青年部担当職員は通常青年部と同世代の職員が行う場合が多い。それはそれで親近感という意味では重要であるが、青年部活動の質を向上させるという意味では、より農協役員や経験豊かな職員との交流（間接的な交流でも良い）を確保していく必要があるのではないか。

職員と部員とのアイデアに基づく学習活動を起点とした人材の育成がもとめられているのである。その内容はむずかしいものではない。調査では、例えば他の部員の倉庫、機械などの視察をして自分の経営の参考にしたい、というような声も聞かれた。こうしたアイデアを起点とした活動を部員と若手職員との間で実現し、それについて農協の役員や管理職等の職員もアドバイスをしていくという関係性の構築が求められよう。

さて、協同組合とは正に実践である。「協同組合の意義」を知識として得たとしても、それを日々の生活、営農の中で実感できなければ意味が無い。

農協によって青年部活動の位置づけも異なっている。若手にとっての勉強の組織、交流の組織などの役割が中心であるが、今後はそれに加えて、協同組合の意義・役割を実践・実感する組織としても機能していくことが求められるのではないか。

協同組合の組織的特徴は、なによりも利用・所有・経営が一体となっている点にある。組合員教育の利用者である組合員は、組合の経営を担う経営者でもある。こうした組織的特徴はアクションラーニングを行うために非常に適合的であろう。それを通じて、より実践的な組合員教育を行うことで、実践力の強化と協同組合の理解をともに醸成することが可能となろう。

例えば農協青年部が発案する先駆的な取り組みを、農協全体の事業計画の中での「プロジェクト」として位置づけ、青年部、職員によりプロジェクトチームを組織して実践させる。そのことをつうじて組合員教育、職員との連帯意識の涵養、さらには今後の農協経営に関わるために必要な責任感の醸成をはかることなどが考えられる。

青年部層において農協職員とのつながりの希薄化が危惧されている現在、組合員と職員が対等なパートナーとして協同活動に携わる機会も教育の場として積極的に作っていくことが必要であろう。

5　農協問題のゆくえ

（1）「地域農協」は行政用語なのか？

農協改革案が国会を通過した後、農水省のホームページには農協改革に関する説明資料として「農協法改正について」と「農協について」という2つのパワーポイントが掲載されている。注目されるのは前者の資料のなかで農水省自体が「地域農協」という用語を使用し始めた点である。後者の資料では系統組織を表す図のなかで地域レベルの組織として総合農協が使われているのだが。

この用語は、規制改革会議の中間報告が出た当たりでマスコミが使用するようになったものであり、

図22がその典型である。ピラミッドの上に位置する全国組織が2階建となっていてまさにその頂点に全中がある。このピラミッドに押し潰されるようにして「地域農協」がある。両者を意識的に対立させる意図がみえみえである。元の図では右側に下の3層から全中に矢印があり、そこには負担金（正しくは賦課金）とある。このポンチ絵は出来のいいものであり、この狙い通り全中は地域農協の自主性を阻害するものとして「廃止」され、賦課金の法的根拠を失った。

今回、農水省が「地域農協」を使い出したのは、系統組織体制の否定という意図がありそうである。これまで地域農協という用語を使用してきたのは韓国であるが、この国の農協組織は2段階制で、農協中央会（ＮＡＣＦ）は全国・道・郡のレベルを占める総合連合会であり、とても系統組織と呼べるものではない。近年農協中央会の再編が行われ、経済・金融組織は持ち株会社のもとで株式会社化されたが、農水省はその真似をしようとしているのであろうか。

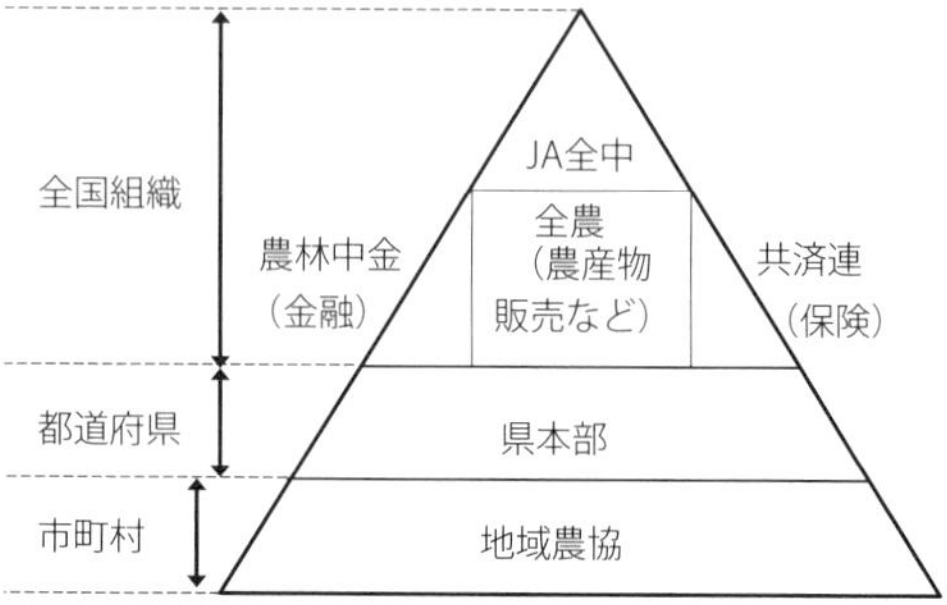

図22　俗流農協系統組織図の例

注：『読売新聞』2014.04.30による。

これまで使われてきた「単位農協」という用語は「農業協同組合等現在数統計」で定義されている

が、連合会（Federations）とならんで単位農協（Primary-Level Cooperatives）と呼ばれており、明らかに系統組織としての Primary-Level ということである。台湾でも「基層農会」と呼んでいる。雑誌に載っていた「地域農協」という用語について農水省に問い合わせたところ、「『地域農協』という言葉を使用しておりますのは、あくまでも読者にとっての分かりやすさという観点からであります。『単位農協』という用語は、現在でも統計において使用しており、用語が「単位農協」から「地域農協」に変わったということではありません」というのがその回答であり、唖然とした。

（2）信用組合から地域農協へ――農水省の転換

この「農業協同組合等現在数統計」の例言を見ていてびっくりしたことがある。それは、総合農協のカテゴリーが、1995年に従来の「組合の行う事業が、特定の農業部門を対象としておらず、かつ、信用事業と信用事業以外の事業を併せ行う組合」から「信用事業を行う組合」に変更されたことである。つまり、総合農協とは「信用組合」であるとされたのである。知らなかったことは迂闊であったが、大多数の人もこの農協規定の変更に気がついていなかったと思う。1995年は言わずと知れた住専問題の年、信用事業を行う専門農協もあわせて総合農協に区分されたが、これ以降農協は行政的には信用組合とみなされてきたことが明白なのである。

1996年から始まった農協改革論議と農協法改正では一貫して信用組合としての農協の経営を立

てなおし、金融機関としての安全性を確保することが焦点だったのである。農林中金と信連の統合、その失敗を受けたＪＡバンク構想、そして農協経営問題を基点とする経済事業改革へという流れである（Ｉ－１）。

したがって、農水省の今回の路線転換はあまりにも突飛であり、その路線そのものが正しかったかは別として、政策としての継続性を著しく欠いたものである。准組合員制度についても２０１５年５月最終改正の「農協監督ハンドブック」（『総合的な監督指針』）では、「農村の活性化のためにも、農協の事業運営にとっても重要な役割を担っている」（要約、石田・農文協編［２０１５］の指摘）とされていたのである。

以上の脈絡から見て、農水省の言う信用組合から職能組合への転換というのは虚構であり、それは地域農協への縮小を意味しており、１９２０年代の裸の産業組合への後退とも言える。新世代農協云々も機会主義に過ぎないのである。

（３）社会的多数者としての協同組合

それでは、この農協問題とどのように向きあえばいいのであろうか。答えは以外に簡単で、多数派になることである。法律論になると農協の当初の目的からの逸脱が指摘され、その原点に立ち返った運営の確保が云々される。しかし、農協改革を唱えている主体の方はまじめに改革を考えているわけではなく解体を狙っていることはもはや明らかであり、空中戦を続けることはいかにも空虚である。

『JA解体』（飯田康道、東洋経済新報社、2015年）という本が出たが、大事なのはその副題である「1000万組合員の命運」の方である。経済社会は変化するし、その上で活動する組織・団体もそれに規定されざるをえない。ドイツでもライファイゼンバンクは意気高く活動しているし、信金も協同組織としての存在を貫いている（I－2）。日本の農協もまた農村地域に根ざして進めてきた事業体制を自ら捨てる必要はない。組合員である准組合員の利用規制を一方的に行うことは憲法違反の疑いさえもあり、個人の経済行為を阻害する乱暴な議論に対しては大量訴訟での抵抗という手段も存在する。振り返って、全国の農協組合員は1000万人、生協組合員は6000万人であり（**表20**）、これだけでも協同組合人は人口の半分を占める多数派なのである。

北海道では販売事業高で農協のボリュームを見がちであるが、人的組織である協同組合においては人の数が重要であることは言

表20　農協・生協組合員の人口・世帯割合（2013年）

		全国	（比率）	北海道	（比率）
農協	正組合員	4,561,504	3.6	68,984	1.3
	准組合員	5,583,859	4.3	281,976	5.2
	合　計	10,145,363	7.9	350,960	6.4
生協		61,736,772	48.1	2,893,020	52.9
総人口		128,373,879	100.0	5,465,451	100.0
農協	正組合員	3,896,532	7.0	51,005	1.9
	准組合員	4,556,467	8.2	271,036	10.0
	世帯計	8,452,999	15.2	322,041	11.9
総世帯数		55,577,563	100.0	2,709,610	100.0

注：1）『日本の統計』『総合農協統計表』、『消費生活協同組合実態調査』、コープさっぽろ資料により作成。
2）北海道の生協の数字はコープさっぽろのもの。

うまでもない。農村部での人口減少と高齢化が進行する中で、農村地域の再生を果たす役割は社会的企業としての農協の肩にがっしりとかかっており、地域住民や都市部の消費者の力を借りる必要も出てくる。そのためには、北海道の農協が強固な農業部門の事業に加え、地域、生活、食という事業・活動領域を強化していく必要がある。まさに、営農・生活事業を両輪とする北海道型総合農協への飛躍である。

「参加」の度合いにおいて准組合員制度には問題があることは間違いないが、農協が食と生活を通じて消費者と地域住民につながっていることを考えると准組合員はその入口であり、その先には生活協同組合が見えてくる。北海道の農協が打ち出した全人口をカバーする550万人サポーターづくりの命運もコープさっぽろ組合員290万人にかかっているといえるかもしれない。

参考文献

Ⅰ　農協の組織改革と外圧の歴史（主なもの）

（1）『新・農業協同組合制度史』（第3巻）協同組合経営研究所、1997
（2）坂下明彦「農業史から見た農業団体論」太田原高昭他編『農業経済学への招待』日本経済評論社、1999
（3）増田佳昭『規制改革時代のJA戦略』家の光協会、2006
（4）田代洋一『協同組合としての農協』筑波書房、2009
（5）『金融審議会協同組織金融機関のあり方に関するワーキング・グループ報告書』2009
（6）田代洋一『戦後レジームからの脱却農政』筑波書房、2014
（7）村本孜「信用金庫論――制度としての整理」（1）～（4）『信金中金月報』13巻2・6・8号、14巻2号、2014、2015

Ⅱ　改正農協法を斬る（主なもの）

（1）坂下明彦・遠藤卓也・高瀬雅男・小田志保『農協の独禁法適用除外の見直しをめぐる論点』北海道地域農業研究所、2012、特に高瀬雅男「アメリカにおける農協経済事業と独禁法適用除外をめぐる情勢」および坂下明彦「おわりに」
（2）田代洋一『農協・農委「解体」攻撃をめぐる7つの論点』筑波書房ブックレット、2014
（3）太田原高昭『農協の大義』農文協、2014
（4）石田正昭「政府農協改革案に対する農協・農協系統組織の姿勢を考える――真の自己改革とは何か」JC総研レポート／2014年秋　巻頭論説
（5）増田佳昭「農協改革の「決着」とJA改革の課題」『農業と経済』2015・4
（6）清水徹朗「農政・農協改革を巡る動向と日本農業の展望」『農林金融』2015・4

（7）田代洋一『官邸農政の矛盾――TPP・農協・基本計画』筑波書房ブックレット、2015
（8）農文協編『農協　准組合員制度の大義』2015、所収の各稿。

Ⅲ　事業の総合性とその発展

1　農協事業の総合性

（1）坂下明彦「北海道における農業金融の特質」飯島源次郎編『転換期の協同組合』筑波書房、1991a
（2）玉真之介『主産地形成と農業団体――戦間期日本農業と系統農会』農文協、1996

2　北海道の農協の多様な展開

（1）坂下明彦「「開発型」農協の総合的事業展開とその背景」牛山敬二・七戸長生編著『経済構造調整下の北海道農業』北大図書刊行会、1991b
（2）坂下明彦「「開発型」農協の事業構造変化」臼井晋編著『大規模稲作地帯の農業再編――展開過程とその帰結』北大図書刊行会、1994
（3）士幌農協研究会（坂下明彦・長尾正克・志賀永一）『士幌町農協――70年の軌跡』北海道協同組合通信社、2004
（4）坂下明彦「大規模水田地帯の地域農業再編」田代洋一編著『日本農業の主体形成』筑波書房、2004
（5）坂下明彦・小山良太「農協による地域営農システムの展開」（3章6節3）岩崎徹・牛山敬二『北海道農業の地帯構成と構造変動』北海道大学出版会、2006
（6）坂下明彦他『北海道における農業生産法人と農協――地域農業との連携の視点から　拠点型法人化――』北海道地域農業研究所、2007
（7）坂下明彦他『流通チャネル化に対応した産地・生産部会の活動――産地形成のための農協と生産部会の関係、機能分担のあり方――』北海道地域農業研究所、2008
（8）坂下明彦編著『地域農業の底力――農協の可能性を拓く支援システム』北海道協同組合通信社、2009

3　韓国と台湾の農協

（1）桜井浩「韓国における農業協同組合の形成過程」滝川勉・斎藤仁編『アジアの農業協同組合』アジア経済研究所、１９７３

（2）倉持和雄「70年代における韓国農協金融の展開」佐伯尚美編著『農業金融の構造と展開』農林統計協会、１９８２

（3）李榮吉「韓国における農協組織の発展過程――１９６１～１９９１年」『農経論叢』49集、１９９３

（4）多木誠一郎「２０１１年韓国農業協同組合法改正について――農業協同組合中央会の改革を中心に――」増田佳昭編『大転換期の総合ＪＡ――多様性の時代における制度的課題と戦略』家の光協会、２０１１

（5）中野達之・朴紅「韓国の農協組織・事業構造の特徴と事業構造再編」『独占禁止法適用除外問題　北海道における農協経済事業の歴史的展開と今日的役割』北海道地域農業研究所、２０１３

（6）孫炳焱「台湾農会の成立過程とその特質」滝川勉・斎藤仁編『アジアの農業協同組合』アジア経済研究所、１９７３

（7）梁蓮文・朴紅『台湾の農村協同組合』筑波書房、２０１０

Ⅳ　北海道の農協事業

1　営農指導

（1）田渕直子・太田原高昭「北海道における農協組織・事業整備過程――昭和30年代末「系統体質改善運動」の考察」『農経論叢』50集、１９９４

（2）田渕直子・太田原高昭「北海道における農協組合員勘定制度と営農指導事業――組勘導入期の理念と実態」『農経論叢』51集、１９９５

（3）坂下明彦・田渕直子『農協生産指導事業の地域的展開――北海道生産連史』北海道協同組合通信社、１９９５

（4）太田原高昭「十勝地域の農協ネットワーク」『開発論集』81号、２００８
（5）坂下明彦「北海道の農協営農指導事業と地域農業支援システム」田代洋一編『協同組合としての農協』筑波書房、２００９
（6）河田大輔・小林国之「広域農協における〝出向く営農指導体制〟構築の意義――きたみらい農協を事例として」『農経論叢』65集、２０１０
（7）石田正昭「合併しない合併効果を生みだすには――ＪＡネットワーク十勝の事例」同『農協は地域に何ができるか』（第1章）農文協、２０１２

2〜3・ホクレン

（1）『ホクレン六十年史』ホクレン農業協同組合連合会、１９７７
（2）飯島源次郎「広域農協連の研究」『協同組合奨励研究報告』第四輯、１９７９
（3）坂下明彦『中農層形成の論理と形態――北海道型産業組合の形成基盤』御茶の水書房、１９９２
（4）田渕直子・太田原高昭「北海道における農協組織・事業整備過程――昭和30年代末「系統体質改善運動」の考察」『農経論叢』50集、１９９４
（5）田渕直子「ホクレンの事業方式とその再編方向」『農業協同組合連合会の組織・事業方式とその再編方向に関する総合的研究』科学研究費補助金研究成果報告書（研究代表：太田原高昭）、１９９８
（6）近藤公彦「ＰＯＳ情報開示によるチャネル・パートナーシップの構築――コープさっぽろのケース――」『流通研究』12巻4号、２０１０
（7）藤田久雄・黒河功「系統農協組織改革と北海道の位置――ホクレンを中心に――」『農経論叢』66集、２０１１
（8）小林国之「ホクレン販売事業にみる経済連の組織機構と機能」吉田成雄・柳京煕編著『日中韓農協の脱グローバリゼーション戦略』農文協、２０１３

4　信用事業

（1）坂下明彦「地域金融機関の地域密着型金融の展開と農業部門への参入」『ニューカントリー』2008年4月号

（2）坂下明彦他『北海道の農業金融の課題と法人問題』北海道地域農業研究所、2009

V　営農・生活事業を両輪とする北海道型総合農協へ

1　准組合員

（1）小倉武一他監修『農協法の成立過程』協同組合経営研究所、1961

（2）『准組合員対応の強化について』北海道農協中央会、1990

（3）小山良太・林芙俊「員外利用問題と准組合員対策の課題」『農協改革への提言――北海道の内なる改革をめざして』（第3章1節）北海道地域農業研究所、2005

（4）小山良太「組合員と組織活動」田代洋一編『協同組合としての農協』筑波書房、2009

（5）明田作『農業協同組合法』経済法令研究会、2010

（6）梁連文・朴紅『台湾の農村協同組合』筑波書房、2010

（7）増田佳昭「農協における准組合員問題を考える――農協法成立過程における准組合員制度と員外利用」『にじ』№631、2010

（8）多木誠一郎「韓国農業協同組合法における準組合員・員外取引について――制度設計とわが法への示唆」『協同組合研究』30巻2号、2011

2　地域インフラ

（1）『北海道厚生連30年史』『同50年史』北海道厚生連、1978、1998

（2）『JA北海道共済連五十年史』北海道共済連、1998

（3）宮地朋果「共済と保険　その同質性と異質性――危険選択の観点から――」『日本共済協会結成20周年・2012国際協同組合年論文・講演集』2012
（4）米山高生「日本における協同組合共済の歴史的役割と存在意義――所有権理論の枠組み―」『同右』2012

3　女性部

（1）武内哲夫・太田原高昭『明日の農協』農文協、1986
（2）JA全国女性協議会『輝くあゆみ　そして未来へ――JA全国女性協50年史』2002
（3）石田正昭『JAの歴史と私たちの役割』家の光協会、2014
（4）坂下明彦・板橋衛・小林国之・正木卓・高橋祥世・佐々木泰裕・韓尚佑・福澤萌『西日本先進地における農協生活関連事業の多面的展開』北海道地域農業研究所、2015

4　青年部

（1）七戸長生『新しい農村リーダー――求められる資質と機能』農文協、1987
（2）小松泰信「進化する青年組織がJA運営を変える」石田正昭・小林元編著『JAの運営と組合員組織』全国共同出版、2015
（3）『JA組合員学習活動に関する調査報告――青年部を題材として――』北海道地域農業研究所、2016

あとがき

農林中金による北海道大学寄附講座「協同組合のレーゾンデートル」研究室が2016年1月に開設された。もともとの協同組合学研究室は1958年の設置であり、全国有数の力を持つ北海道の農協・連合会のバックアップがあったと聞いている。協同組合を看板に掲げた研究室は全国で一つしかないが、それどころか協同組合学の講義自体が大学のカリキュラムから姿を消しつつあり、レッドブックに掲載されかねない存在らしい。農林中金の寄附講座は7大学目ということだが、協同組合をテーマとする寄附講座を北大に設置したのは、もうちょっと協同組合の意義を社会にアピールせよとの意向の表れであろう。

この話があったのは、ちょうど規制改革会議の答申があった後で、今回の農協法改正が議論されつつあった時期でもある。北大の研究の学風はフィールドワークをもとに現実の農村の矛盾と切り結ぶ理論構築にあり、いわば陣地戦を得意としている。空中戦は苦手であり、しかも私は高所恐怖症ときている。だが、今回の規制改革会議の議論では北海道の十八番《おはこ》である職能組合論を捻じ曲げて農協批判を展開しており、放おっておくわけに行かない。そこで、最初から東京で勝負するのも難しいと考え、地元の農業雑誌『ニューカントリー』に「農協――内なる改革」というタイトルで2014年11月から2016年3月まで17回にわたって連載を行った。また、その一部（Ⅱ）を『農業と経済』の改正農協法特集（２０１５年11月号）にも掲載していただいた。

この連載は寄附講座を一定意識したものであり、連載後にはまとめて出版しようと考えていた。そこで、筑波書房にお願いして「協同組合のレーゾンデートル」シリーズの１冊目として刊行していただくことになった。１回見開き１ページの連載で文章の圧縮には苦労したはずであるが、ずぼらな私は当初計画した大幅な増補には至らなかった。その分、連載後段で息切れした私を補完していただいた３人の中堅・若手メンバーにかなり加筆していただいた。内容は「雑誌論文と学術論文の中間」くらいのところでと思ったが、授業と同様中途半端でなかなかうまくはいかなかった。

とはいえ、還暦も過ぎ40年近くも北海道の農協にお世話になってきたので、いくらか職能組合の歴史と実績については理解していただけるのではないかと思う。もちろん、職能組合論を展開したのではなく、これからは地域に根ざした社会的企業を目指した一回りスケールの大きい総合農協へというのが結論である。空中戦をやっていると文章までギスギスしてきてもう限界なので、第二弾はいつもの通り農村ベースの本をお届けしたいと思う。ご期待いただきたい。

もともとの連載では北海道協同組合通信社の新井敏孝さんに、本書出版に当たっては筑波書房の鶴見治彦さんにお世話になった。記して感謝申し上げる。

坂下明彦

分担執筆者

小林国之（こばやしくにゆき）
北海道大学大学院農学研究院准教授（地域連携経済学研究室）
1975年北海道生まれ。北海道大学大学院農学研究科を修了の後、助教を経て、2016年から現職。主著に『農協と加工資本　ジャガイモをめぐる攻防』日本経済評論社、2005、「ホクレン販売事業にみる経済連の組織機構と機能」『日中韓農協の脱グローバリゼーション戦略』農文協、2013などがある。分担はⅤ・4

正木卓（まさきすぐる）
北海道大学大学院農学研究院特任准教授（協同組合のレーゾンデートル研究室）
1983年北海道生まれ。北海道大学大学院農学院を修了の後、北海道地域農業研究所研究員を経て現職。主著に「北海道中山間地帯農業における土地利用部門の再構築に関する研究」『北海道大学農学研究院邦文紀要』33（2）、2014、「北海道における系統農協組織の改革プランとその方向性」『農業・農協問題研究』57、2015がある。分担はⅤ・2

高橋祥世（たかはしさちよ）
北海道大学大学院農学院博士後期課程在学中。
1979年東京都生まれ。主著に「家族農業経営における後継者妻の意欲と現状の乖離に対する農協組織の支援」『協同組合奨励研究報告』第39輯、2013、「複数戸法人における農家女性の役割と意思決定への関与」『農経論叢』70集、2015がある。分担はⅤ・3

執筆者紹介

坂下明彦（さかしたあきひこ）
北海道大学大学院農学研究院教授（協同組合学研究室）
1954年北海道生まれ。北海道大学大学院農学研究科を単位取得後、北海道大学農学部助手、助教授を経て、2003年から現職。農学博士。専門は農業経済学、農協論、農村社会史。主著に『中農層形成の論理と形態――北海道型産業組合の形成基盤』御茶の水書房、1992、『北海道農業の地帯構成と構造変動』北大出版会、2006（共著）、『地域農業の底力――農協の可能性を拓く支援システム』北海道協同組合通信社、2009などがある。

シリーズ　協同組合のレーゾンデートル1

総合農協のレーゾンデートル

北海道の経験から

2016年7月6日　第1版第1刷発行

著　者◆坂下明彦・小林国之・正木卓・高橋祥世
発行人◆鶴見 治彦
発行所◆筑波書房
東京都新宿区神楽坂2-19 銀鈴会館 〒162-0825
☎03-3267-8599
郵便振替 00150-3-39715
http://www.tsukuba-shobo.co.jp

定価は表紙に表示してあります。
印刷・製本＝平河工業社
ISBN978-4-8119-0489-4　C0036